CHRONIQUE D'UNE ESPÈCE DISPARUE

Camille Roux-Goupille

CHRONIQUE D'UNE ESPÈCE DISPARUE

Le quagga et l'hérédité

humenSciences

ISBN : 979-1-0403-0117-2

Dépôt légal : avril 2024

170 bis, boulevard du Montparnasse, 75014 Paris
Tél. : 01 55 42 84 00
www.humensciences.com

SOMMAIRE

1

DE L'APPARITION À LA DISPARITION D'UNE ESPÈCE

Dénomination par les Européens

Quand on cherche les premières descriptions du quagga faites par les voyageurs et explorateurs européens en Afrique du Sud, on peut rapidement être déboussolé : les textes utilisent de nombreuses appellations et il est difficile de savoir si elles se réfèrent vraiment au même animal. La liste est longue selon les langues et les traductions : quagga, quagas, couagga, kowagga, quacha, guagga, quahah, quahkah, kwagga, quakka, opeagha, paard, wild paard, wild peerd, wild perfdt, wild horse, cheval sauvage, âne rayé de l'intérieur du Cap, zèbure, quacha of the Hottentots, cheval du Cap des voyageurs et même zèbre femelle[1]. Tous ces termes seraient dérivés de « kwā-hā », le cri de l'animal prononcé à la manière des Boers et dérivé de la langue dite « hottentote », « khoikh »*. Cette inspiration ou reprise directe du langage des indigènes est rarement observée ; en général, les colons hollandais ont

* Le terme « Boers » désigne les colons arrivés au XVIIe siècle en Afrique du Sud, la langue qu'ils appellent « hottentote » est celle des tribus khoïkhoï qu'ils y découvrent.

eu tendance, lors de leurs conquêtes, à choisir de nouvelles dénominations, que ce soit pour la faune ou la flore[2].

Aujourd'hui, même s'il est rare que l'on parle encore de lui, « quagga » est l'appellation la plus commune, celle qui fait consensus dans la communauté scientifique. La dénomination actuelle est *Equus quagga.*

Le quagga apparaît, pour la première fois, zoologiquement répertorié et classifié dans l'ouvrage *Elenchus animalium* du docteur et naturaliste hollandais Pieter Boddaert (1730-1795), publié en 1785*. Ce dernier décrit un certain nombre de mammifères, dont le quagga qu'il positionne dans le groupe des *Equus*, comportant aussi les espèces suivantes : *ferus*, *hemionos*, *onager*, *afinus* et *zebra*[3]. La notice du quagga inclut trois références bibliographiques.

La première référence mentionnée par Boddaert correspond à la description du kwagga ou plutôt du couagga, ainsi qu'il est dénommé en français par Georges-Louis Leclerc, comte de Buffon (1707-1788) dans sa célèbre *Histoire naturelle générale et particulière*[4]. Ce n'est pas une description réalisée par Buffon lui-même mais un ajout provenant de l'édition hollandaise sortie en 1781 que Buffon inclut dans l'édition française de 1782. Le professeur Allamand, auteur de l'édition hollandaise, a rédigé une nouvelle notice présentant un animal non répertorié jusqu'alors, le kwagga, ainsi nommé en hollandais. Cette notice a été écrite à partir d'informations provenant d'un rapport de mission de Robert Jacob Gordon (1743-1795), un capitaine hollandais qui fut l'un des plus grands explorateurs de l'Afrique du Sud, effectuant pas moins de six voyages entre 1772 et 1786. C'est lors de

* Dans certains ouvrages, on trouve la référence « *Equus quagga quagga* Gmelin 1788 ». Johann Friedrich Gmelin est le superviseur entre 1788 et 1793 de la treizième édition du *Systema naturae* de Carl von Linné qu'il enrichit de nombreux ajouts ou modifications. C'est pourquoi son nom apparaît souvent après le nom scientifique. Certains auteurs préfèrent évoquer Gmelin pour cette raison, bien que la référence de Boddaert soit antérieure de trois ans.

son troisième voyage, en 1777, qu'il entrevit des hordes de quaggas galopant à fond de train dans la province du Cap, au nord de Port Elizabeth. Avec ses compagnons, ils réussirent à capturer une pouliche qui courait derrière sa mère, parmi un troupeau d'environ soixante-dix adultes et quelques jeunes. Dès que le troupeau fut hors de vue, la pouliche quagga se mit à suivre le cheval de Gordon comme si c'était sa mère[5]. Ils la conduisirent au campement, Gordon en fit un croquis, puis la relâcha le lendemain car il manquait de lait pour la nourrir[6]. Dans ses notes, il précise qu'il n'a pas observé de différence apparente entre mâle et femelle, ni entre jeune et adulte, à part la taille. Cependant, certains quaggas lui semblent plus jaunâtres. Plus tard, Gordon captura un autre individu qu'il remit au gouverneur Van Plettenberg de la colonie hollandaise du Cap pour l'offrir à la ménagerie du prince d'Orange, Willem V, fin 1780.

Pour les Anglais, la première description qui fait référence est celle de George Edwards (1694-1773) dans son célèbre livre *Gleanings of Natural History*[7]. Il présente des descriptions et des représentations originales de nombreux animaux, dont des mammifères, des insectes et des plantes. La gravure sur plaque de cuivre en couleur d'Edwards semble bien être la toute première représentation graphique du quagga. En effet, Edwards a réalisé sa description et son illustration d'après un animal vivant, appartenant à Frederick Louis, prince de Galles et duc d'Édimbourg et de Cornouailles (1707-1751), qu'il avait eu l'occasion d'observer et de dessiner en 1751 au jardin royal de Kew Gardens, près de Londres. Edwards était un naturaliste passionné, célèbre pour ses dessins d'oiseaux et employé comme bibliothécaire au Royal College of Surgeons de Londres. Pour lui, cet animal correspondait sans aucun doute à la femelle du zèbre (*mountain zebra*). Notant que c'était la première fois qu'il observait un animal ou une peau de ce type, d'une « rareté beaucoup plus extraordinaire que le mâle[8] », il supposa que les explorateurs n'en eurent pas rapporté jusque-là car ils durent considérer que les peaux des femelles n'étaient pas aussi belles que celles, entièrement zébrées, des mâles. Dans son ouvrage, la notice descriptive physique et comportementale de ce « zèbre femelle » corrobore son dessin et se trouve juste après celle du zèbre mâle.

La dernière référence bibliographique de Boddaert est celle de Thomas Pennant (1726-1798), zoologiste gallois éduqué à Oxford et correspondant du naturaliste suédois Carl von Linné (1707-1778). Il présente le quacha (ou quagga selon les éditions) dans son livre *Synopsis of Quadrupeds* en 1771[9]. Celui-ci figure en bonne place dans la première section – celle des quadrupèdes à sabots –, sous-section « chevaux » avec le zèbre et l'âne. Pennant utilise, lui aussi, trois références bibliographiques, dont celle d'Edwards que nous venons d'évoquer. La première référence, intitulée *Voyage de Mr Hop*, est un récit de l'expédition gouvernementale hollandaise au cap de Bonne-Espérance menée sous le commandement du capitaine Henri Hop, en charge d'une caravane de quatre-vingt-cinq personnes et raconté par l'un des membres, Carel Brink, en 1761. Celui-ci regrette que les voyageurs donnent des noms d'animaux, comme « quacha », sans ajouter de description, ce qui empêche leur reconnaissance sur le terrain. « Nous n'avons trouvé ce mot nulle part et quoique nous ayons consulté plusieurs personnes qui ont été au Cap, nous n'avons pu tirer aucun éclaircissement sur l'animal indiqué ici. D'autres personnes qui ont séjourné au Cap disent que c'est le zèbre. » D'ailleurs, l'illustration de l'édition de 1778 est légendée « zèbre femelle » et ce dessin semble être une copie stylisée et épurée du dessin de George Edwards[10]. La seconde référence de Pennant est Francis Masson (1741-1805), collecteur de plantes, le premier à être envoyé par Joseph Banks (1743-1820), directeur de Kew Gardens – un jardin botanique royal anglais extrêmement réputé – pour participer à la célèbre expédition du capitaine James Cook (1728-1779) de 1772 à 1775, durant laquelle il croise d'ailleurs le capitaine Gordon. Parmi les descriptions de paysages et d'animaux sauvages, Masson mentionne succinctement une sorte de zèbre appelée selon lui « opeagha » par les Hottentots. Heureusement, Anders Sparrman (1748-1820), élève de Linné et docteur au Cabinet royal d'histoire naturelle de Stockholm, participant lui aussi à cette expédition, a tenu un carnet de voyage beaucoup plus bavard et passionnant que celui de Masson[11]. Sparrman est bien plus disert sur cet animal – appelé par les Hottentots et par les colons « quagga » – qu'il vit pour la première fois de sa vie et trouva si bien apprivoisé qu'il l'approcha pour le caresser.

Au cœur d'un réseau de voyageurs et de naturalistes

Cette recherche autour de l'origine de la dénomination zoologique du quagga par Boddaert met en évidence les connexions entre explorateurs et naturalistes de différentes nationalités. Ceux-ci constituent un réseau européen informel d'échange d'informations, soit directement par rencontres et correspondances, soit indirectement par références bibliographiques[12]. Le professeur Allamand est emblématique de ce réseau souple et bien développé. D'autres personnages clés sont le naturaliste Carl von Linné, le médecin et naturaliste irlandais Hans Sloane (1660-1753) et Banks que nous avons déjà rencontré[13]. Tous les trois sont de grandes figures du paysage naturaliste de cette période. Linné est bien connu pour son système de classification des êtres vivants, développé en Suède, et Hans Sloane pour le leg de sa collection personnelle à l'État anglais, entraînant la fondation du British Museum. Ce réseau permet la circulation et la vérification des informations. L'année de parution de la publication de Boddaert, en 1785, correspond au moment où un consensus scientifique émerge sur l'existence du quagga. Il apparaît ainsi distingué comme espèce, indépendant du zèbre, et accède à une position que l'on peut considérer comme stable taxonomiquement. Cela correspond à une période où un grand nombre de témoins ont rapporté avoir vu le quagga ; les descriptions et localisations géographiques ont été précisées par recoupements. Cette stabilisation s'inscrit aussi dans un mouvement plus large de l'histoire naturelle commencé au XVIIe siècle, de formalisation des concepts de groupes, genres et espèces, et des manières de les documenter au travers de représentations et de dénominations. À la fin du XVIIIe siècle, la nomenclature linnéenne est usitée dans de nombreux pays européens ainsi que dans les pays colonisés, permettant le développement de taxonomies communes[14].

Néanmoins, cette situation apparemment claire masque une réalité plus complexe. Alors que, comme vous le savez maintenant, de multiples noms étaient attribués à l'animal correspondant au quagga, l'appellation « quagga » a aussi désigné différents animaux à différentes époques et dans différents lieux*. David Barnaby, auteur du XXe siècle, dans son ouvrage *Quaggas and other Zebras* discute les nombreuses confusions existantes et leurs sources[15]. Lorsque les Hottentots ont commencé à échanger avec les Boers à propos des animaux de type zébré, ils les ont entendus prononcer un son comme « kwacha » ou « kwaha ». Ce son a alors été repris pour désigner les différents types d'animaux zébrés et rayés, sous le terme générique « kwagga » en Afrikaans, qui dérive du hollandais[16].

Enfin, il existe certainement des références décrivant l'animal plus anciennes que celle de Boddaert mais, ces textes utilisant d'autres dénominations – cheval ou zèbre –, il est très difficile, voire impossible de les interpréter et de déterminer

* La confusion perdure néanmoins avec le zèbre de Burchell qui était appelé « *Bonte quagga* ».

avec certitude à quel animal les auteurs se réfèrent. Ainsi, tous les textes antérieurs à celui d'Edwards décrivant le zèbre femelle présentent ces ambiguïtés, d'autant plus qu'ils ne sont pas accompagnés d'illustrations. L'illustration d'Edwards et le croquis de Gordon semblent bien être les premières représentations d'après un quagga vivant, sur papier du moins. En effet, parmi des gravures rupestres découvertes dans la région de Kimberley, située dans le désert du Grand Karoo au centre de l'Afrique du Sud, et non datées pour l'instant, une représentation claire d'un quagga a été identifiée parmi des rhinocéros, hippopotames et éléphants[17].

Descriptions physiques et comportementales du quagga

Comme pour le zèbre, il y a un consensus parmi les savants pour décrire le quagga par rapport à et comme très proche du cheval, animal de référence en Europe. En raison de ses raies, il est d'abord « regardé comme une variété dans l'espèce du zèbre dont il diffère cependant à divers égards[18] ».

Si les premières descriptions de zèbres remontent au naturaliste suisse Conrad Gesner (1515-1565) vers 1551-1558, puis au diplomate français Guy Tachard (1648-1712)[19], le premier membre de cette famille recensé semble bien être le zèbre de montagne du Cap. En revanche, le nombre d'espèces décrites et la chronologie de leurs descriptions ne sont pas clairs, à cause de la grande variabilité des robes des zèbres et du hasard des rencontres zèbres-humains... Le terme « zèbre », comme « quagga » plus tard, est générique, ce qui entraîne toujours des ambiguïtés. Selon les règles de nomenclature biologique, quand il y a plusieurs noms pour une même espèce, le nom donné en premier prévaut. Le quagga a été décrit environ trente ans avant le zèbre de Burchell (que l'on appelle *plain zebra* en anglais et qui correspond aujourd'hui à *E. quagga burchelli*). De ce fait, beaucoup de débats ont eu lieu entre les aventuriers, explorateurs, chasseurs et naturalistes dès la fin du XVIIIe siècle mais surtout au cours du XIXe siècle, afin de définir sa position exacte dans les classifications animales. Était-ce une espèce à part entière ou bien seulement une sorte de zèbre, une sous-espèce ou une variété ? Nous reviendrons sur ces aspects dans les chapitres 4 et 5.

Pour Sparrman, qui en a observé lors de l'expédition du capitaine Cook et n'a laissé que des observations écrites mais pas de dessins, l'aspect des quaggas est très homogène. Il note en effet très peu de variabilité dans les pelages, comme chez les zèbres ; en revanche, chez ces derniers, il observe des variations dans les motifs de rayures au bas de leurs pattes. Un quagga qu'il a observé à Zwellendam lui est apparu particulièrement « potelé autour des reins et de la croupe », comme jamais il n'a vu un cheval. Sparrman le décrit, lui aussi, comme une « espèce de cheval sauvage » qui ressemble au zèbre mais de « taille inférieure et d'allure plus ronde, les oreilles plus courtes, et [qui] n'a point de raies ni aux jambes de devant, ni sur les reins, ni sur aucune partie de derrière[20] ».

Cette absence de rayures dans la partie inférieure du corps est la principale caractéristique du quagga, permettant aux savants de le distinguer sans ambiguïté du zèbre. Enfin presque, puisque Edwards a cru y déceler les caractéristiques d'un dimorphisme sexuel en l'identifiant comme un zèbre femelle. Il le décrit comme un « animal extraordinaire » qu'il a eu la chance de voir vivant contrairement au zèbre mâle, dont la description a été faite à partir d'une peau rembourrée. Sa description de la femelle qui accompagne la gravure insiste sur les couleurs et dispositions des barres ainsi que de la robe : « À l'exclusion des barres qui sont toutes noires, elle a la tête, le cou, le dessus du corps et les cuisses d'un bai fort clair ; le ventre est blanc de même que les jambes et le bout de la queue. Elle a aux jointures des jambes des calus comme on en voit aux chevaux [...]

Les barres sont disposées sur la tête d'une manière un peu différente du mâle ; la crinière est noir et blanc ; les oreilles sont "rouge clair" et le front tire sur le blanc [...] Les barres qui sont sur le corps procèdent de celle qui est sur le dos ; il y en a quelques-unes qui deviennent fourchues à leurs extrémités sur les côtés du ventre et d'autres finissent en pointe. La partie postérieure du corps est tachetée* d'une manière moins régulière et plus confuse[21]. »

Comme Edwards, le capitaine Gordon a réalisé son croquis d'après un modèle vivant, une jeune femelle quagga, pas encore sevrée. Elle semble assez similaire aux illustrations et descriptions d'Edwards. Les différences concernent les rayures de la partie supérieure qui sont moins étendues que chez le zèbre femelle, l'absence de zone tachetée au niveau de la croupe et la présence de grosses rayures sur les oreilles de la pouliche. Ces disparités sont-elles dues aux stades de développement différents des deux quaggas ou bien significatives de la variabilité individuelle ?

Selon les éditions d'*Histoire naturelle, générale et particulière* de Buffon, on trouve différentes gravures, par le dessinateur parisien Jacques de Sève (1715-1795) ou le graveur allemand Christian Fritzsch (1719-1774) ; le quagga représenté est toujours très proche morphologiquement et éthologiquement de celui du croquis de Gordon, mais le décor est variable. On y trouve des petites huttes soit à toit de chaume, soit en pierre, et en arrière-plan, soit une charrette, soit un décor très sobre de plaine ouverte pouvant évoquer des campements, des colonies de Boers ou encore le veld africain sauvage.

Le quagga le plus connu et accessible pour imaginer à quoi ressemblait l'espèce subsiste sous forme de spécimen

* La représentation tachetée d'Edwards est d'ailleurs la seule rapportée concernant le quagga. Les autres descriptions mentionnent exclusivement des rayures.

naturalisé au Muséum national d'histoire naturelle de Paris et il apparaît dans la collection des Vélins du Muséum[22]. Cette représentation intitulée *Le Couagga* – Equus quagga *Linné, Gmelin* au huitième de grandeur a été peinte par Nicolas Maréchal (1753-1802), en 1794. C'était un artiste reconnu du Muséum, auteur d'environ soixante-dix vélins d'animaux. Il a suivi des cours d'anatomie à l'École nationale vétérinaire d'Alfort et souhaitait concilier au mieux science et peinture d'animaux dans ses œuvres. Sur l'original, Maréchal a peint le quagga, un étalon, dans un décor très sobre, une plaine ouverte avec juste un buisson sur le côté droit. Morphologiquement, ce quagga, sans zone tachetée sur l'arrière-train et avec les mêmes rayures sur les oreilles, est peut-être plus proche de celui de Gordon que de celui d'Edwards.

Des reproductions de l'œuvre de Maréchal sont retrouvées dans de nombreux livres, cette dernière est souvent inversée, les couleurs varient ainsi que le fond parfois. C'est le cas dans le livre sur la ménagerie du Jardin des plantes de Bernard Germain de Lacépède (1756-1825) et de Georges Cuvier (1769-1832) publié en 1801 et illustré par Maréchal[23]. La notice descriptive assure que le quagga s'approche plus de la beauté du cheval que de celle du zèbre. Les auteurs suggèrent que le sexe et l'âge influent sur les taches et zébrures, puisque ce quagga diffère de ceux présentés par Edwards et Gordon.

Les indications éparses concordent pour indiquer que l'étalon peint par Maréchal aurait été offert au roi Louis XVI (1754-1793) en 1784, par un capitaine de vaisseau qui, de retour des Indes, l'aurait pris en charge au cap de Bonne-Espérance. Ce quagga installé à Versailles a ainsi vécu paisiblement jusqu'à la Révolution française. En avril 1794, Bernardin de Saint-Pierre (1737-1814), alors administrateur du Jardin des plantes, a récupéré la ménagerie du palais de Versailles et a organisé sa migration jusqu'au cœur de Paris[24]. La ménagerie était alors composée de seulement cinq animaux d'origine étrangère : un bubale (petit bœuf qui tient du cerf et de la gazelle), un pigeon huppé de l'île de Banga, un lion du Sénégal, un rhinocéros de l'Inde et bien sûr un quagga. Celui-ci est décrit comme « une espèce de cheval zébré à la tête et aux épaules, animal fort doux qui tendit sa petite tête mutine à l'auteur de *Paul et Virginie* comme s'il eut reconnu son protecteur et son ami[25] ». Après son transfert de la ménagerie royale de Versailles au Jardin des plantes, ce quagga aurait vécu paisiblement pendant encore quelques années. Selon un rapport d'autopsie réalisé par Cuvier, la mort serait survenue en juillet 1795[26]. Cuvier a porté une attention particulière au larynx du quagga, cherchant à identifier des particularités anatomiques expliquant ses cris si atypiques, sans succès. D'autres sources semblent considérer une date plus tardive, en 1798[27]. Dans tous les cas, il a été ensuite taxidermisé par Cuvier et Lacépède au Muséum national d'histoire naturelle de Paris[28]. Le quagga de Louis XVI est aujourd'hui toujours en exposition dans la Grande galerie de l'évolution, dans la salle des espèces menacées et disparues[29].

Les peintures du quagga ne sont pas nombreuses, mais pendant l'âge d'or de la peinture animalière[30], au XIXe siècle, des tableaux de quagga ont été réalisés en Allemagne et en Angleterre par des peintres animaliers. Parmi les plus connus, en plus de ceux d'Edwards et de Maréchal, on peut observer ceux réalisés par Samuel Daniell (1775-1811), par le capitaine Cornwallis Harris (1807-1848) et enfin par Jacques-Laurent Agasse (1767-1849), dont on parlera en détail au chapitre suivant. Ces peintures et gravures ont été ensuite reproduites, avec plus ou moins de fidélité, s'accompagnant, au gré des ouvrages et des éditions, de retouches, de changements de décors, de variations dans les qualités des couleurs. La diversification des types d'ouvrages, avec l'apparition d'éditions de moins en moins luxueuses, moins chères à produire, accompagne ainsi la diffusion à un public de plus en plus large, passionné par l'histoire naturelle au XIXe siècle[31].

Une autre particularité du quagga, qu'il ne nous est plus possible d'entendre, c'est son cri, indiscutablement à l'origine de son nom. Il a frappé tous les savants (ayant eu, eux, la chance de l'entendre) qui ont essayé de le catégoriser par rapport à leurs références, des cris animaux déjà connus et moins exotiques comme celui du chien ou de l'âne. Il y a débat néanmoins car si le botaniste Pierre Boitard (1789-1859) le décrit comme une sorte de hennissement proche du cheval, Lacépède et Cuvier indiquent pour leur part que « son cri était fort différent de ceux du cheval et de l'âne, c'était le son "ouau, ouau", répété une vingtaine de fois, sur un ton très aigu », ce qui a motivé l'étude du larynx au cours de l'autopsie mentionnée plus haut. Il est pour eux comparable non pas à l'aboiement des chiens mais à leur hurlement[32]. Pour Buffon, au contraire, se référant à Gordon, c'est bien une « espèce d'aboiement très précipité où l'on distingue souvent la répétition de la syllabe "Kwah kwah" ». Gordon précise bien que le nom se prononce avec un fort clic de la langue sur la première syllabe.

Ce cri du quagga apparaît souvent dans les descriptions comme une composante caractéristique du Karoo, territoire sud-africain, dont l'écosystème se caractérise par des espaces désertiques parsemés d'arbustes nains et de graminées. Une évocation retrouvée dans le poème « *Afar in the Desert* » de l'Écossais Thomas Pringle, souvent présenté comme un des premiers à avoir développé une poésie inspirée par l'atmosphère sud-africaine :

> « Loin dans le désert, j'aime monter à cheval
> Avec le silencieux Bush-boy seul à mes côtés.
> Sur le Karoo brun, où le cri éphémère
> Du faon du springbok sonne plaintivement
> Et le hennissement du quagga, timide mais perçant sifflement,
> Est entendu près de la fontaine au crépuscule gris[33]. »

Localisation géographique

La notice de Boddaert de 1785 indique comme habitat du quagga la région de Caffrorum, sans plus de précisions. Grâce au carnet de voyage de Gordon qui mentionne, en novembre 1777, de nombreuses observations de quaggas en troupeaux d'environ vingt individus, soit indépendants, soit mêlés à des troupeaux de zèbres, springboks et gnous[34], une localisation plus précise peut être délimitée. Son trajet est visualisable sur une carte, réalisée par Gordon, et qui est restée la carte la plus fiable produite de cette région jusqu'à la fin du XIXe siècle. Une superposition, proposée par le Rijksmuseum d'Amsterdam, avec la carte actuelle de Google Maps, indique que la zone correspond à une région proche de la ville de Petrusville, à l'intérieur des terres au nord de Port Elizabeth[35]. Cela reste approximatif puisque les noms de lieux notés par Gordon et ses compagnons correspondent parfois à du hollandais phonétique et ne sont plus usités aujourd'hui, mais on peut trouver des correspondances avec les noms en afrikaans. De plus, l'orthographe et même les noms employés par Gordon varient beaucoup entre les différents documents qu'il a laissés (lettres, carnet de voyage et cartes).

Par ailleurs, Buffon souligne déjà l'impossibilité de déterminer d'après les informations de Gordon si les quaggas sont nombreux ou pas dans la région du Cap. En effet, si Gordon fait régulièrement part dans les entrées de son journal de novembre 1777 des observations de quaggas, il n'y a souvent pas d'indication chiffrée. Peut-être ne mentionne-t-il le quagga que parce qu'il est nouveau et plus tard ne le remarque-t-il même plus parmi les nombreux autres animaux rencontrés.

En recoupant les écrits d'autres explorateurs, il est possible de délimiter et de circonscrire des zones dans les territoires du Cap, avec toutes les difficultés évoquées pour les données de Gordon pour une transposition sur nos cartes actuelles. Dans les récits du capitaine Cornwallis Harris[36], grand voyageur britannique et chasseur de gibier, des troupeaux immenses de plus de 15 000 têtes sont décrits, composés de quaggas et de gnous dans la zone de Mersitane River, affluent de la rivière Vaal.

La zone de distribution géographique, qui fait consensus entre ces différents textes, semble confinée aux plaines centrales de la colonie du Cap dans l'État libre d'Orange. Jamais un quagga n'aurait été signalé au nord de la rivière Vaal, qui formerait donc la limite septentrionale ; la limite sud serait le rivage de la colonie du Cap ; à l'est la rivière Grand Kei ; et à l'ouest selon une ligne allant de l'embouchure de la rivière Vaal à Swellendam[37]. Cette aire de répartition semble similaire à celle décrite pour le gnou ; les deux espèces cohabitant. Dans cette région, le quagga aurait été le seul animal apparenté au cheval, le zèbre vrai étant confiné aux montagnes de la colonie du Cap et le zèbre de Burchell (*Bonte quagga*) serait, lui, installé au nord de la rivière Orange. En 1989, Leendert Cornelis Rookmaaker, historien de la zoologie, a fait un intéressant travail de compilation des données collectées par sept explorateurs dont Carl Thunberg (1743-1828), disciple de Linné, Burchell (1782-1863), explorateur de l'Afrique du Sud, et Sparrman, en Afrique du Sud entre 1650 et 1790. Il a constitué une carte recensant les lieux où des quaggas ont été observés, ce qui laisse présager à cette époque une répartition plus étendue encore du quagga dans toute la province du Cap, mais toujours au sud de la rivière Orange[38].

L'intérêt d'une domestication

Le quagga apparaît souvent, dans les descriptions et récits de voyage, comme une ressource intéressante à plusieurs titres : c'est une source de nourriture tout à fait correcte pour les serviteurs hottentots mais pas assez bonne pour les

Boers, son goût étant trop douceâtre ; une source abondante de gibier pour les grandes parties de chasse organisées par les colons et visiteurs européens ; et de manière plus anecdotique une source de peaux pour des sacs et chaussures. Il y a néanmoins débat quant à son potentiel à être domestiqué et aux usages que pourraient en faire les humains, notamment en raison de son comportement et de son caractère qui sont appréciés différemment. Ainsi, pour Edwards, la situation est très claire, le quagga est d'un « naturel sauvage et féroce » et « personne n'osait s'en approcher, que le jardinier du prince, qui la pansait et qui pouvait la monter ». Au contraire, Buffon décrit le quagga comme « plus docile » et « robuste et fort » que le zèbre. Celui de la ménagerie du Jardin des plantes, bien docile, a vécu bien tranquillement jusqu'à l'âge de 18 ou 20 ans ; c'est une espèce qui pourrait s'apprivoiser vite et assez bien. Avec son caractère gentil, le quagga aurait été quelquefois domestiqué par les Hollandais du Cap. Ce serait uniquement par paresse que ni les Hottentots ni les colons ne l'ont dressé et non pas en raison de caractéristiques intrinsèques de l'animal qui le rendraient impropre à la domestication (comme des difficultés de contact avec les humains ou des comportements erratiques)[39].

Le quagga est aussi un gardien nocturne très intéressant des troupeaux car il fait fuir les hyènes[40]. Buffon raconte la même histoire de quagga qui s'élance sur une hyène, « la frappe des pieds de devant, la renverse, lui brise les reins avec ses dents, la foule aux pieds et ne l'abandonne qu'après l'avoir tuée[41] ». Les quaggas paraissent à Gordon de caractère malin, il en a vu certains mordre et donner des coups de sabots, même s'ils sont réputés comme étant plus faciles à domestiquer que les zèbres. Il rapporte avoir observé certains fermiers les utiliser dans des attelages de chariot car ils sont forts et costauds. Quant au colonel Charles Hamilton Smith (1776-1853), il a raconté s'être promené sur un quagga, qu'il a trouvé aussi délicat qu'un cheval[42].

L'énorme avantage, pour Sparrman, c'est que les zèbres (qui lui paraissent plus difficiles encore à domestiquer que les quaggas) et les quaggas sont, par rapport aux chevaux, accoutumés au pâturage africain, âpre et sec, et résistants aux épidémies qui déciment les chevaux importés. C'est aussi l'avis de Cuvier et de Lacépède : les quaggas ont moins que les chevaux à « redouter les animaux féroces et les maladies épidémiques[43] ». Pour eux, la question de l'intérêt de leur domestication est à concevoir en Afrique du Sud et non pas en Europe, car ils ont « l'avantage d'être faits au climat et de se nourrir des végétaux les plus communs dans le pays », alors qu'il est toujours difficile de nourrir les chevaux importés. Comme indiqué précédemment, si des quaggas isolés ont été importés en Europe, il n'y a jamais eu d'élevages proprement dits recensés sur le Vieux Continent, notamment par défaut de couples.

Importation en Europe

Dès les premières expéditions européennes en Afrique du Sud, au XVe siècle, des spécimens de la faune et de la flore sont capturés, prélevés et expédiés en Europe, accompagnant un mouvement général d'explorations européennes découvrant les nouveaux mondes[44]. Les animaux sont exportés vivants et, bien que préparés au mieux pour les longs voyages, ils meurent parfois en mer. Dans certains cas, seuls des peaux, des cornes en ivoire, des sabots ou d'autres parties intéressantes du corps sont expédiés. Il n'est certainement pas anodin que les premiers quaggas répertoriés en Europe aient appartenu à des personnalités régnantes et royales. Souvent intégrés dans des ménageries royales, par ailleurs accessibles au public, les animaux portent une charge symbolique de pouvoir et diplomatique. En effet, les animaux exotiques sont des cadeaux usuels de souverain à souverain. Le quagga n'a pas fait exception, comme nous l'avons vu pour le prince de Galles ou encore Louis XVI. Le roi du Wurtemberg en aurait aussi possédé un au début du XIXe siècle. Des quaggas sont ainsi mentionnés dans des anecdotes concernant des personnalités importantes, des nobles, membres des hautes sociétés européennes. Par exemple, au début du XIXe siècle, le shérif Joseph Parkins, de la Cité de Londres, était réputé pour conduire un phaéton, attelé à une paire de quaggas dans Hyde Park[45].

De nombreux zoos et ménageries des grandes villes européennes, dont Berlin, Londres et Paris, ont hébergé un ou plusieurs quaggas à un moment donné, mais peu d'informations sont disponibles sur leurs caractéristiques comportementales et physiques et sur leurs conditions de vie en captivité. Outre le quagga de Louis XVI, la ménagerie du Jardin des plantes a hébergé un autre spécimen, rapporté du Cap par les naturalistes et explorateurs François Péron (1775-1810) et Charles-Alexandre Lesueur (1778-1846) après leur expédition en 1804[46]. Le zoo de Londres en a hébergé trois au total. Le dernier d'entre eux a été offert en 1858 par Sir George Grey (1812-1898), le gouverneur de la colonie du Cap[47]. Une femelle a été photographiée à l'été 1870 par le photographe Frederick York (1823-1903) – elle est d'ailleurs restée célèbre pour être la seule[48] ! Achetée à un négociant en animaux exotiques, Charles Jamrach (1815-1891), en 1851 par la Zoological Society of London, elle mourut au zoo de Londres en 1872 sans laisser de descendance[49]. Quelques quaggas ont aussi été importés, comme de nombreux autres animaux originaires d'Afrique, aux États-Unis dans des cirques et ménageries itinérantes tout au long du XIXe siècle. Enfin, la plus tristement fameuse des quaggas est une femelle du zoo d'Amsterdam. Arrivée au zoo Artis en mai 1867, elle a été le dernier membre officiel de l'espèce vivant en captivité, jusqu'à sa mort le 12 août 1883.

Extinction officielle

L'extinction du quagga doit être considérée en prenant en compte deux processus, celui de l'extinction dans la nature et celui de l'extinction en captivité ; celle-ci étant bien évidemment mieux connue et ayant servi à fixer une date officielle définitive. L'animal a ainsi existé aux yeux des humains pendant une courte période, puisqu'il a été officiellement décrit en 1785 et est déclaré éteint en 1883. Concernant l'extinction en captivité, la datation ne fait pas débat. Le dernier animal vivant répertorié est celui du zoo Artis d'Amsterdam, la fameuse femelle décrite plus haut, morte de cause inconnue. D'après les recherches dans les archives de presse de l'époque, il ne semble pas que sa mort ait provoqué un intérêt particulier ; en 1883, aucun titre ni article de journaux, en langue anglaise ou française, ne la signale. Ce dernier spécimen en captivité aurait donc vécu plus longtemps que les quaggas sauvages, qui auraient disparu, selon les estimations, entre 1865 et 1870[50].

Néanmoins, des inquiétudes concernant la pérennité de la faune d'Afrique du Sud avaient été exprimées assez précocement. Ainsi, Sparrman, dès septembre 1775, se préoccupe du comportement des colons, notant que « c'est [à eux] à considérer sérieusement si la destruction totale du gibier ne tend pas directement à faire de leur pays un désert ». Il professe* ensuite que « les siècles à venir verront cette partie de l'Afrique entièrement changée par rapport aux effets de l'industrie humaine[51] ».

En 1810, pendant son exploration de l'Afrique du Sud, William John Burchell (1781-1863), naturaliste anglais, rencontra de nombreux troupeaux de quaggas, se déplaçant en impressionnantes files individuelles. En 1817, il présenta

* L'avenir a en partie donnée raison à Sparrman car beaucoup d'espèces du continent africain ont disparu, ont été ou sont toujours en danger, mais il y a eu aussi beaucoup d'efforts de conservation avec des effets positifs.

au British Museum une liste de quarante-trois spécimens dont une peau de quagga faisant partie d'un groupe de vingt quaggas tués sur un troupeau totalisant trente têtes, nous montrant ainsi l'étendue des massacres[52]. Thomas Pringle, ami intime de l'écrivain Sir Walter Scott, se lamentait déjà en 1820 de la disparition presque totale des quaggas et des bubales (antilopes) des pâturages du district d'Albany (zone est de la région du Cap) où ils avaient, selon lui, leurs habitudes[53]. Selon plusieurs auteurs, les troupeaux de quaggas poursuivis par les chasseurs se seraient retranchés petit à petit dans les territoires inhabités du Cap. En 1836, ils y étaient massacrés en masse. Il y a bien sûr beaucoup d'incertitude sur la période exacte de disparition des quaggas dans leurs habitats et territoires naturels. L'extermination des derniers survivants aurait eu lieu en 1858, près de Tygerberg dans le district d'Aberdeen, une province de la colonie du Cap[54]. Mais c'est en contradiction avec un rapport indiquant que cinquante quaggas auraient été trouvés par Emil Holub, explorateur austro-hongrois de l'Afrique dans le district de Colesberg en 1863[55]. Plusieurs auteurs, comme Bryden, sont enclins à situer l'extinction du quagga, au sud de la rivière Orange, entre 1860 et 1865[56]. Enfin, il est souvent fait référence à une femelle quagga, envoyée depuis la colonie du Cap, réceptionnée au zoo d'Anvers en février 1872 dont la trace est ensuite perdue[57].

Dès 1873, plus personne ne recense de quagga dans la colonie de la rivière Orange[58]. Selon d'autres auteurs, la mort des derniers individus aurait plutôt eu lieu en 1878 dans l'État libre d'Orange, mais cela semble très spéculatif, car il y a clairement ici confusion avec certaines sous-espèces de zèbres (Burchell et Chapman) qui sont aussi nommées « quagga » dans de nombreux récits[59].

Cette extinction est signalée dans le *New York Times* en janvier 1887. Pour l'auteur de l'article, cela est essentiellement dû au fait que sa peau était très recherchée pour fabriquer un certain modèle de bottines chics pour *gentlemen*[60]. Cet argument est repris dans un article du journal britannique *The Spectator* qui présente comment, selon son enquête, l'extermination de millions de quadrupèdes entre 1850 et 1875 a eu lieu pour fournir les *gentlemen* anglais en boots dont la provenance du cuir n'était pas clairement indiquée[61]. En effet, seul le terme générique de « veau » était employé, alors que les peaux provenaient de quaggas, de zèbres, d'onyx et d'antilopes. Les chasseurs Boers de peaux sont ainsi souvent désignés comme responsables de l'extermination des quaggas mais aussi, plus globalement, de la raréfaction du gibier entre 1850 et 1870 en Afrique du Sud. Pour l'anecdote, au cours d'une conférence sur la disparition de la faune africaine, donnée à la Selborne Society, société anglaise de préservation de la nature, en 1899, le zoologiste Graham Renshaw (1872-1952) projette à la lanterne magique une des photos du quagga de Londres prises par York et présente le quagga comme « aussi éteint que le dodo[62] ».

La « stupidité des colons hollandais et anglais », qui n'auraient pas su préserver et domestiquer le quagga, est clairement mise en avant, au début du XXe siècle. Le quagga leur aurait été pourtant bien utile, selon Ridgeway, auteur d'un ouvrage sérieux sur l'origine des chevaux, notamment par sa résistance aux maladies et aux ravages de la mouche tsé-tsé[63]. Des complaintes et expressions de désespoir sont régulièrement émises par les explorateurs à la constatation que ces territoires africains, alors qu'ils semblaient fournir une abondance infinie de gibier, ont été si rapidement épuisés par les chasses. Mais il faut se rendre à l'évidence, comme l'exprime Renshaw, que les relations des hommes blancs avec le quagga pendant cette période (entre 1785 et 1883) peuvent être résumées en un mot : extermination[64].

Certains auteurs considèrent que le comportement du quagga pourrait bien avoir joué un rôle dans sa disparition du veldt[65]. En effet, quand les quaggas sont effrayés ou bien juste inquiets, ils ont tendance à galoper sur une petite distance, puis à s'arrêter brusquement ; le troupeau forme alors un croissant. Ainsi immobiles, ils fixent l'horizon, devenant alors des cibles idéales pour les chasseurs.

L'extinction du quagga était ainsi suivie et annoncée comme quasi inéluctable, que ce soit dans la nature ou en captivité. Des arguments soutiennent cette idée d'une conscience de la fragilité des populations de quaggas et d'autres animaux d'Afrique du Sud, au moins par certains individus mais aussi par des institutions étatiques. D'une part, des inquiétudes autour de la pérennité du quagga ont été exprimées assez précocement et même en parallèle des questionnements sur son intérêt pour l'Homme, que ce soit pour la chasse, le dressage, la nourriture ou le cuir. D'autre part, un décret de protection est émis par le gouvernement du cap de Bonne-Espérance le 6 juillet 1886[66]. Ce décret protège de nombreuses espèces dont les faisans, les perdrix, les éléphants, les hippopotames, les buffles, les zèbres, les antilopes, les lièvres et aussi les quaggas... Pour pouvoir chasser, capturer et tuer un de ces animaux, à défaut d'obtenir un permis du gouvernement, l'amende est fixée à 10 £ (environ 1 700 € actuels) ou, à défaut de paiement, à un mois d'emprisonnement avec ou sans travaux forcés. Il n'échappe à personne que le quagga a été officiellement déclaré éteint en captivité en Europe, deux ans, dix mois et vingt-quatre jours avant que le gouverneur ne signe l'amendement, preuve qu'on le pense toujours présent à l'état sauvage. Cette problématique de la diminution des grands animaux africains conduira en 1899 à la tenue d'une conférence internationale pour la préservation du gibier africain. La décision sera prise, mais jamais appliquée, d'entreprendre la création de réserves naturelles au Soudan, au Kenya et en Afrique du Sud[67].

1865 est ainsi l'année qui semble faire consensus pour entériner la disparition du quagga dans son territoire naturel, même si certains auteurs supposent qu'il a en réalité disparu quelques années plus tard. D'autres encore pensent qu'il doit en rester quelques-uns terrés mais épanouis dans une plaine paradisiaque secrète. L'animal, toujours recherché et signalé au début du XXe siècle, devient peu à peu l'objet d'un mythe de non-extinction. Cette quête du quagga a, par exemple, été relancée avant la Première Guerre mondiale par un musée allemand qui offrait l'équivalent de 30 000 £ pour un spécimen vivant. Lutz Heck (1892-1983), directeur pendant de longues années du zoo de Berlin, relate dans un récit de voyage-safari en Afrique du Sud dans les années 1950 sa quête du quagga, animal légendaire, qu'il compare au Tatzelwurm, petit serpent légendaire des Alpes germaniques[68]. C'est un des leitmotivs de son livre qui revient à chaque sortie dans la savane. Va-t-il enfin en apercevoir un ? Plusieurs rencontres avec des intermédiaires sud-africains vont lui faire miroiter des possibilités, mais elles ne se concrétiseront jamais. Lors de sa visite de la réserve du Pan d'Etosha, très connue pour ses éléphants, girafes, hordes d'antilopes et de zèbres, Heck est aux aguets. Il croit réussir en prenant une photographie d'un animal qui s'avère après examen minutieux être seulement un zébroïde, c'est-à-dire un hybride entre un cheval et un zèbre qui a parfois des allures de quagga. Ce sont ces signalements récurrents, s'accompagnant souvent de demandes d'argent, qui laissent penser à certains que le quagga pourrait toujours être présent dans le veldt sud-africain[69].

2

LE QUAGGA DE LORD MORTON

Un fait singulier

George Douglas, seizième comte de Morton (1761-1827), est un personnage tout à fait intrigant, en grande partie parce que très peu de choses sont connues sur lui. Noble écossais, éduqué au collège d'Eton, il devint comte à la mort de son père*, à tout juste 13 ans[1]. Il fit le grand tour d'Europe, passage obligé à cette époque pour tout membre de l'aristocratie visitant la plupart des cours royales européennes. De retour en Écosse, il n'esquiva pas ses responsabilités ni dans l'armée ni dans le gouvernement, puisqu'il fut représentant des pairs écossais au parlement à partir de 1784. En 1791, il devint baron de Grande-Bretagne sous le titre de Lord Douglas of Lochleven et fut chambellan de la reine Charlotte (épouse du roi régnant George III) de 1792 jusqu'à la mort de celle-ci en 1818[2]. Peut-être suivait-il les traces de son grand-père quand il devint « *Fellow of Royal Society* » en 1785 ? En effet, le quatorzième comte de Morton fut président de la Royal Society of London for the Improvment of Natural Knowledge (plus connue sous

* Son père avait été président de la Royal Society de 1764 à 1770.

la forme abrégée « Royal Society ») et bénéficiait d'une excellente réputation pour ses connaissances philosophiques et ses réalisations scientifiques. En 1796, Lord Morton devint vice-président de la Royal Society sous la présidence de Joseph Banks dont il devait être assez proche, car il fit aussi partie des premiers directeurs de la Royal Institution*, l'année de sa création par Banks en 1799[3]. Cependant, il n'avait alors encore publié aucun ouvrage ni travaux scientifiques. Dans une des notices nécrologiques[4] qui lui sont consacrées, son attachement aux sciences est simplement souligné en rappelant qu'il a été un fidèle permanent aux réunions de la Royal Society durant toute sa vie.

En fait, sa seule et unique publication date de 1821 dans le prestigieux journal de la Royal Society : *Philosophical Transactions of the Royal Society of London*[5]. Très courte et rédigée sous forme d'une lettre intitulée sobrement « Communication d'un fait singulier d'histoire naturelle », elle est adressée au président de la Royal Society. Cette lettre a d'abord été lue en séance le 23 novembre 1820, puis publiée en 1821. Lord Morton y relate un fait, dont il a été le témoin privilégié et qui l'a suffisamment intrigué pour le soumettre aux membres de la Royal Society, espérant de leur part des hypothèses scientifiques. La lettre commence par expliquer que, souhaitant domestiquer le quagga, Lord Morton obtint un mâle (il ne précise pas par quel biais). Dans l'impossibilité d'obtenir une femelle, il croisa son quagga avec une jument arabe alezane et obtint une pouliche, hybride dans sa morphologie aussi bien que dans la couleur de sa robe. Il se sépara ensuite de sa jument, la confiant à son ami Sir Gore Ouseley qui la croisa avec un étalon arabe noir et obtint de ce couple de chevaux une

* Royal Institution est l'abréviation de Royal Institution of Great Britain, une institution publique dévolue à l'éducation scientifique du public et la popularisation des nouvelles technologies.

pouliche puis un poulain. Lord Morton rendant visite à son ami eut l'occasion de les examiner et fut alors très surpris. Il trouva qu'ils avaient tous deux, comme attendu, des caractéristiques de leur race arabe, mais il nota avec stupéfaction qu'ils ressemblaient aussi beaucoup au quagga, par leurs robes et leurs crinières. Les deux poulains présentaient une ligne noire le long de la crête du dos, des rayures sombres au travers de l'avant-main ainsi que des barres foncées à l'arrière des jambes. Les rayures sur la partie antérieure du poulain étaient confinées au garrot et au cou, alors que celles de la pouliche couvraient la totalité du cou et du dos jusqu'aux flancs. Leurs crinières noires avaient une raideur très surprenante pour des chevaux arabes, qui rappelait celle de la crinière de l'hybride et du quagga. Lord Morton indique que sa lettre est motivée par sa stupéfaction qu'autant de caractéristiques n'appartenant ni à leur étalon de père, ni à leur jument de mère soient présentes chez les poulains.

Il a écrit cette lettre dans l'urgence, sans attendre, puisqu'il précise le faire au lendemain de ses constatations. Il semble très motivé à l'idée d'éclaircir les circonstances et de préciser certains éléments. En effet, il annonce en post-scriptum qu'il va organiser une récolte de crins des différents protagonistes, au nombre de cinq. À ce jour, aucun document n'a été retrouvé qui indique que Lord Morton ait pu récolter ses crins et mener à bien ses projets de comparaison des crinières.

Toujours dans le post-scriptum, Lord Morton indique qu'il n'est pas dans ses habitudes de formuler des hypothèses à la hâte mais que, pour lui, ce fait invoque sans doute la vieille doctrine des impressions produites par l'imagination, sur laquelle nous reviendrons. Sa formulation est très ambiguë, certainement à dessein, et il n'est pas possible d'interpréter vraiment ce qu'il pense de cette doctrine. Il indique seulement qu'il n'a pas de prédilection pour elle, mais ce fait est-il, pour lui, une preuve en faveur de cette doctrine ? Ou plutôt un fait qui inévitablement fera évoquer cette doctrine par certains, alors que les causes sont certainement ailleurs ? Nous ne pouvons bien évidemment pas nous prononcer sur les intentions et opinions de Lord Morton. Était-ce par pur intérêt pour la question, ou bien avait-il ressenti le besoin de publier au moins un article scientifique ? Un article d'une rubrique d'histoire naturelle d'un journal écossais daté du mois de janvier 1813 consacrée aux quaggas et en particulier à celui de Lord Morton éclaire sur la singularité de ce cas[6]. L'auteur explique que, depuis que la Grande-Bretagne a pris possession du Cap, plusieurs quaggas (présentés comme appartenant à une espèce de cheval, originaire des plaines d'Afrique du Sud, tout comme le zèbre) ont déjà été exportés, néanmoins c'est suffisamment rare pour qu'il consacre un article entier à celui de Lord Morton. Ainsi, ce dernier s'est procuré en 1811 un quagga mâle d'environ un an, à Londres, qu'il a installé dans son domaine de Dalmahoy, près d'Édimbourg afin de le domestiquer. Malgré une bonne acclimatation, il mourut rapidement de maladie. Le corps fut envoyé au Muséum de l'université d'Édimbourg. Lord Morton récupéra alors un deuxième quagga, issu d'un lot en provenance du Cap[7]. Au moment où le chroniqueur écrit, et c'est certainement ce qui a motivé son intérêt, des tentatives sont en cours pour débourrer et dompter le quagga, pour l'instant réfractaire et capable de mordre, mais qui devrait devenir plus docile en grandissant. Le chroniqueur indique que la domestication du quagga n'est pas chose facile ; même les Français n'ont pas été capables d'en dompter un malgré toutes leurs tentatives. Le problème crucial pour le chroniqueur est bien que Lord Morton arrive à se procurer une femelle pour obtenir une descendance, qui, à son opinion, devrait être plus rustique et mieux apte à endurer le climat. En attendant, Lord Morton organise des tentatives de croisement avec une jument ou une ânesse. Le chroniqueur rappelle que les

Français ont, eux aussi, tenté ces croisements à la ménagerie de Paris, avec une ânesse que leur quagga a bien couverte mais qui n'a pas eu de descendance.

Arrêtons-nous quelques instants sur le contexte. La Royal Society a été fondée en 1660 par un groupe d'hommes appartenant aux classes supérieures de la société anglaise, les *gentlemen*, comprenant l'architecte Christopher Wren (1632-1723), le scientifique Robert Hooke (1635-1703) et le chimiste et physicien Robert Boyle (1627-1691). Une inspiration initiale forte de ce groupe vient de Francis Bacon (1561-1626), promoteur d'une philosophie naturelle avec une approche empirique d'étude de la nature[8]. C'est la première institution publique créée dans le monde pour le développement de la recherche scientifique, ce qui la distingue des universités, qui avaient pour vocation première l'enseignement, et des groupes d'intérêts professionnels (comme le Royal College of Surgeons), qui défendaient leurs propres intérêts. Sous l'inspiration de sa devise « *Nullius in verba* » (« Ne croire personne sur parole »), la Royal Society souhaitait insuffler une philosophie de recherche de la vérité à partir d'expériences et encourageait des travaux dans de nombreux champs scientifiques, notamment en mathématiques, en physique et en histoire naturelle. C'était aussi un lieu de socialisation important dans la haute société anglaise, un club avec de nombreux loisirs conçus et entretenus par des *gentlemen*, qui vivaient de leurs rentes. Sous la présidence de Joseph Banks qui dura près de quarante ans, deux mouvances se sont querellées[9]. D'une part, le courant d'origine constitué d'amateurs d'histoire naturelle appartenant aux classes aisées, dont Banks faisait partie d'ailleurs, et, d'autre part, un courant, datant de la présidence du physicien Isaac Newton (1643-1727), plutôt composé de professionnels qui devaient travailler pour assurer leur subsistance. Parmi les *gentlemen* amateurs, certains développaient cependant des travaux sérieux et approfondis, comme le physicien Henry Cavendish (1731-1810), célèbre pour ses mesures de la constante de gravitation. Néanmoins, pour la plupart, le soutien au développement scientifique faisait partie des passe-temps à la mode recommandés aux jeunes aristocrates. Il n'était, en fait, pas particulièrement attendu que ce soutien se manifeste, se concrétise par des activités de description de la nature. Lord Morton se situe ainsi tout à fait dans cette mouvance. À l'opposé de cet état d'esprit, la science newtonienne provenait de voies professionnelles représentées par les médecins, les académiques et les conférenciers publics. Newton, d'une part, s'intéressait plutôt aux mathématiques, à l'astronomie et aux disciplines de la physique comme la mécanique, mais surtout il considérait l'histoire naturelle seulement comme une première étape, permettant de fournir des matériaux à la discipline reine, la philosophie naturelle. Celle-ci prône l'analyse des phénomènes conduisant par des raisonnements inductifs à une généralisation et la formulation de lois universelles. Ces lois sont, pour Newton, la traduction de la manière dont Dieu a organisé le monde et permettent aux humains de faire des prédictions. Cette opposition entre histoire naturelle et philosophie naturelle s'était fortement incarnée dans les querelles entre Hans Sloane et Newton, alors président de la Royal Society au tournant du XVIIIe siècle, à propos notamment de l'intérêt de constituer des collections d'histoire naturelle[10]. Là où Newton ne voyait qu'une accumulation de bric-à-brac dans ce qu'on appelait alors un « cabinet de curiosités », Sloane, collecteur enthousiaste, défendait l'intérêt de ces grands inventaires comme un préalable à une meilleure connaissance et compréhension des phénomènes naturels[11]. Banks dut, lui aussi, affronter les newtoniens mais, par sa ténacité et son influence, il fit triompher l'histoire naturelle. Il consolida ainsi le pouvoir de sa classe aristocratique en plaçant dans les instances de la Royal Society des hommes politiquement influents, indépendamment de leurs travaux scientifiques, parmi lesquels se trouvait donc Lord Morton.

Philosophical Transactions of the Royal Society of London, publié depuis 1665, a certainement été, jusqu'au début du XIXe siècle, le journal scientifique le plus célèbre au monde, avec un lectorat international, que ce soit en anglais ou dans ses traductions en latin et en langues vernaculaires. La Royal Society a toujours déployé beaucoup d'efforts dans la diffusion des connaissances scientifiques. Ce journal a été un des points clés de cette communication, toujours extrêmement bien rédigé. Il publiait les actes des séances et des comptes rendus d'activités scientifiques. À partir de 1752, un comité de sélection des articles a été mis en place afin de réaliser un tri parmi les documents lus en séance : des articles, des lettres adressées au président ou à des membres de la société. Le comité choisissait selon l'importance et l'originalité des sujets ou la manière avantageuse de les traiter et refusait de publier certains articles jugés trop peu rigoureux[12]. Les thèmes abordés touchent à tous les domaines scientifiques, de l'astronomie aux phénomènes électriques, en passant par la zoologie et les avancées médicales. À cette période, c'est le chimiste et physicien William H. Wollaston (1766-1828), pilier de la Royal Society et membre éminent de la société de géologie, qui fait office de président intérimaire, entre la présidence de Joseph Banks, mort l'année précédente, et celle du chimiste Humphry Davy (1778-1829) qui lui succède en novembre 1820.

Un texte factuel et déroutant

L'article de Lord Morton est tout à la fois classique pour son époque et très singulier. Singulier tant par son contenu que par sa forme, mais aussi par son destin. Sa très longue et remarquable carrière, tout au long du XIXe siècle, est impressionnante, alors que l'article ne présente ni une théorie révolutionnaire, ni une expérience astucieuse.

Examinons maintenant de plus près le texte de l'article. Tout d'abord, le titre « Communication d'un fait singulier d'histoire naturelle » est flou, sans indication de sujet précis. « Communication » est un terme vague, alors que les titres d'articles de cette période contiennent plutôt des termes comme « observations », « rapport sur », « descriptions » ou encore « expérimentations ». De même, « histoire naturelle » concerne un champ de connaissance faramineux. Cela contraste complètement avec les titres usuels à cette époque dans le journal de la Royal Society, titres en général descriptifs et souvent très longs. Ensuite, cette lettre, très factuelle, nous déroute aujourd'hui par sa pauvreté en hypothèses et en propositions d'interprétations, mais c'est certainement ce qui a fait son succès, tout au long du XIXe siècle. Néanmoins, ce rapport factuel, ce compte-rendu d'observations est tout à fait dans la tradition des constats de faits, en droit anglais au début de l'époque moderne. Ainsi que l'ont montré Steven Shapin et Barbara Shapiro, historiens et sociologues américains des sciences, ce type de constat a ensuite été couramment utilisé en science, et plus spécifiquement à la Royal Society[13] : « Ces constats mettaient en évidence le fait que les observations étaient de première main et insistaient sur la qualité du témoin et surtout son expérience, ses qualités d'observateur. Ils étaient rédigés à la première personne, un moyen de donner de la crédibilité aux observations décrites, de première main[14]. » Ici, les témoins sont des *gentlemen* irréprochables, témoins de premier choix, s'il en est : Lord Morton, son ami Sir Gore Ouseley, mais aussi le président de la Royal Society lui-même, W. H. Wollaston, intervenant dans le post-scriptum. Ce dernier, à qui la lettre est adressée, assermente qu'il a eu l'occasion de voir de ses propres yeux les poulains mais aussi le couple de chevaux arabes et qu'il assure que les descriptions de Lord Morton sont tout à fait correspondantes. Il est intéressant que W. H. Wollaston note qu'il a encouragé son ami, M. Giles, qui avait fait des observations de même ordre concernant la descendance d'une truie croisée avec un sanglier puis avec un cochon, à les reporter dans un article. Celui-ci est publié à la suite de la lettre de Lord Morton.

Aujourd'hui, à lire l'article, ce qui frappe le plus, c'est cette impression d'indécision, de difficulté à définir précisément le sujet de l'article. Cette impression est liée, certainement en partie, à l'état d'esprit de Lord Morton, mais aussi au flou concernant les questions d'hérédité, caractéristique de cette période[15], et que nous explorerons plus avant dans le prochain chapitre.

Les analyses rhétoriques des articles de *Philosophical Transactions* de la fin du XVIIe siècle à la fin du XIXe siècle montrent bien l'évolution de la place de l'auteur dans le texte qui passe d'une position centrale – sous forme de lettre, avec de fortes descriptions subjectives incluant les sentiments de l'auteur, et des marques de modestie et d'humilité – à une position effacée et distanciée où le sujet principal est l'objet d'étude – associée à une forme impersonnelle d'écriture faisant disparaître l'auteur. Ce changement s'opère au tournant du XIXe siècle[16]. Ainsi, en 1825, la forme épistolaire représente environ un tiers des articles ; en 1875, elle a complètement disparu.

L'article, s'il est donc bien dans la pure tradition scientifique en vigueur à la fin du XVIIIe siècle à la Royal Society, est néanmoins déroutant, car, en ce début de XIXe siècle, les articles évoluent, l'inspiration newtonienne se fait sentir, certains articles affirmant clairement leur attachement à la philosophie naturelle. Ce ne sont plus alors uniquement des rapports d'observations, ils s'accompagnent aussi d'hypothèses, d'explications, ils s'inscrivent dans un contexte scientifique plus général, voire se rattache à une théorie.

Néanmoins, attention aux simplifications grossières, toutes les descriptions d'histoire naturelle n'étaient pas non plus sans intentions explicatives et à but seulement descriptif.

C'est le cas ici dans le court article de Lord Morton qui, s'il ne propose pas de commentaire, annonce clairement être en recherche d'explications. Ce fait est présenté à la Royal Society car il est inexpliqué et, pour lui trouver une explication, il doit être porté à la connaissance de tous. Lord Morton fait ainsi appel, en quelque sorte, à la communauté des lecteurs des *Philosophical Transactions* pour résoudre le cas. En cela, il se situe, encore une fois, dans la tradition initiale de la Royal Society, une entreprise publique coopérative, plutôt que dans la science newtonienne, plutôt compétitive, où les faits ne sont présentés qu'assortis d'explications théoriques, d'éléments de philosophie naturelle et de démonstrations.

Ce qui est remarquable, c'est que l'appel de Lord Morton a bien été entendu et a eu de l'écho dans plusieurs communautés scientifiques, celle de la Royal Society tout d'abord, puis dans les domaines de la médecine et de l'histoire naturelle mais aussi plus loin, dans les milieux vétérinaires et médicaux, et ce, pendant une longue période, tout au long du XIXe siècle, en Angleterre principalement. Cet appel a été aussi entendu en Europe où l'histoire du quagga de Lord Morton a été diffusée et a donné lieu à des réactions d'auteurs importants qui la prirent en considération, même si c'était pour la discréditer plus ou moins rapidement.

Premières explications dans différents champs scientifiques

Le premier relais – certainement l'un des plus décisifs – et pivot de ce fait d'histoire naturelle singulier est très certainement Sir Everard Home (1756-1832)[17]. Ce médecin, premier chirurgien du roi, auteur prolifique et enseignant enthousiaste, célèbre pour ses cours d'anatomie comparée – qui lui valurent la médaille Copley en 1807[18] – fut aussi curateur en chef du Hunterian Museum de Londres. Home était le beau-frère de John Hunter (1728-1793), fameux chirurgien anglais, grand praticien mais aussi enseignant. Home aurait récupéré les très nombreux documents de son beau-frère à sa mort en 1793 (étant son exécuteur testamentaire) et aurait publié sous son nom une grande partie des travaux de Hunter, sous la forme d'une centaine d'articles dans *Philosophical Transactions*. Lord Morton et Sir Everard Home devaient certainement se connaître, même s'il n'y a pas de traces écrites de ce lien. Ils étaient tous deux membres de la Royal Society et fréquentaient les mêmes clubs de *gentlemen*. Les centres d'intérêt scientifiques de Home apparaissent bien évidemment très médicaux, comme l'étude des systèmes nerveux ou de la circulation sanguine, et centrés sur l'humain. Ils peuvent donc, à première vue, sembler sans rapport avec l'anecdote du quagga. Néanmoins, Home s'est apparemment intéressé très rapidement à l'histoire de la jument de Lord Morton. Peut-être le fait que soient publiés dans le même numéro de *Philosophical Transactions* deux de ses articles ; l'un d'eux – consacré aux éléments constituants du cerveau, des nerfs et du sang – attira son attention sur le quagga. C'est en tout cas une coïncidence intéressante.

La première preuve de la connaissance de Home de cette histoire apparaît dans un de ses articles datant de 1822, à propos du temps de gestation utérine des humains et des animaux[19]. Comme illustration du fait que ces temps sont variables selon le sens du croisement, dans les cas d'hybridations entre animaux d'espèces différentes, il prend l'exemple de la jument de Lord Morton qui, couverte par le quagga, a eu une gestation de trois cent trente-neuf jours et dix-neuf heures, soit environ presque quatre jours de plus que lorsqu'elle est couverte par un âne ou un cheval. La connaissance détaillée et l'intérêt de Home pour l'histoire du quagga de Lord Morton transparaissent ensuite en 1824 dans un article où il fait la démonstration, par des observations microscopiques, de l'existence de nerfs dans le placenta humain mais aussi dans les placentas de chienne, de lapine, de tapir et de phoque[20]. Ces nerfs, ayant l'apparence de nerfs sympathiques, organisés en six plexus*, lui permettent d'envisager l'existence de communications nerveuses entre l'utérus maternel et le fœtus dont la continuité met en contact leurs deux cerveaux. Il conclut qu'avec cette démonstration des connexions nerveuses du cerveau de l'enfant avec celui de sa mère, il est possible de comprendre le degré de dépendance envers sa mère dans lequel est maintenu le fœtus pendant toute la période de gestation. Pour Home, la découverte de cette connexion nerveuse entre ces deux cerveaux par le placenta est fondamentale pour comprendre de manière satisfaisante toutes sortes d'histoires ineptes ou de faits considérés comme accidentels. Ces anecdotes qui, jusqu'à présent, semblaient vaines et douteuses, où des affections de l'esprit et du corps de la mère semblaient avoir influencé fortement l'enfant à naître, étaient regroupées sous le terme d'imagination maternelle (le prochain chapitre concernera justement les théories que recouvre ce terme). Cette connexion nerveuse est pour Home l'explication matérielle, physiologique de cette influence maternelle. Il présente l'histoire du quagga comme l'une des preuves disponibles les plus fortes – une preuve qu'il a pu observer lui-même – de l'influence que peut avoir l'esprit de la mère sur ses futurs enfants. Dans son article de 1824-1825, Home détaille l'histoire de la jument et du quagga en se référant à l'article de *Philosophical Transactions*. Il explique qu'afin de pérenniser ce fait, ce cas d'étude sérieux, cette preuve indiscutable, il a fait réaliser des peintures de tous les animaux impliqués qui seront gardées au Royal College of Surgeons de Londres. Par la suite, il utilise cette histoire chaque fois qu'il aborde le thème de l'influence de la mère sur l'enfant à naître, et des connexions nerveuses et sanguines entre mère

* Nœuds de réseaux nerveux provenant des différentes zones du corps de la mère.

et enfant. Par exemple, lors de ses conférences d'anatomie comparée, notamment lors de celle portant sur la génération* et où il discute l'anatomie du placenta humain[21], il présente de nouveau le cas de la jument de Lord Morton en lien avec ce qu'il appelle l'influence de l'esprit de la mère sur le fœtus. Il enchaîne souvent ensuite avec des exemples de patientes et d'enfants qu'il a lui-même soignés. L'un des faits concerne ainsi une femme enceinte de son dixième enfant qui a été agressée et volée, un soir, par un artilleur à bec-de-lièvre qui l'a vraiment effrayée. Alors que ses neuf premiers étaient « parfaits », ce dixième enfant naît avec un bec-de-lièvre et, malgré une opération réalisée par Home lui-même, l'enfant meurt peu après.

L'utilisation d'exemples et de cas d'étude animaliers pour illustrer, argumenter et supporter des notions de physiologie humaine, comme nous venons de le voir, n'a rien de surprenant au début du XIXe siècle, non plus que de faire réaliser des peintures de cas intéressants. C'était même une tradition au Royal College of Surgeons, une sorte de marque de fabrique de Hunter**[22]. Les peintures du quagga et de ses supposés descendants ont en effet été commanditées à Jean-Louis Agasse, peintre animalier renommé. Celui-ci dessina d'abord des esquisses et des croquis des animaux disponibles dans la propriété de Sir Ouseley dans le Hertfordshire en juillet 1821[23]. Il réalisa en tout six peintures à l'huile : portrait en pied du quagga, de la jument arabe, de l'hybride, de l'étalon pur-sang arabe et des deux poulains cités dans l'article de Lord Morton ainsi que d'un troisième poulain né après la publication. Concernant l'hybride entre la jument et le quagga, le portrait a été effectué d'après un dessin

* Désigne tous les mécanismes d'engendrement, aujourd'hui on utilise plutôt le terme de « reproduction ».
**Sir Everard Home a ainsi contribué à l'organisation du Hunterian Museum qui regroupe les collections d'échantillons anatomiques d'Hunter, rachetées par l'État anglais en 1799, et enrichies ensuite par d'autres collections.

envoyé par Lord Morton depuis l'Écosse[24]. Concernant les conditions de réalisation du portrait du quagga lui-même, très peu d'informations sont disponibles. Agasse l'a-t-il peint d'après nature ? Cela semble peu probable puisqu'il aurait sûrement peint aussi l'hybride s'il s'était rendu en Écosse. Nous savons qu'il a aussi fait le portrait du quagga du shérif Parkins, portrait extrêmement similaire à celui du quagga de Lord Morton. Une ambiguïté existe donc sur l'identité du modèle qui est certainement le même pour ces deux tableaux. Le shérif Parkins aurait-il acheté le quagga de Lord Morton ? Il n'existe aucune information particulière à propos de la commande de cette peinture, mais nous savons que l'anatomiste Joshua Brookes (1761-1833) a acheté les crânes de la paire de quaggas du shérif, puis qu'ils ont été acquis par le Royal College of Surgeons en 1828. Peut-être que la peinture destinée au shérif et réalisée par Agasse a rejoint le Royal College à cette occasion.

En tout cas, les six peintures ont été livrées et accrochées en février 1822 dans le Royal College of Surgeons à Londres. Les fonds des cinq peintures de chevaux et hybrides représentent des environnements ruraux européens classiques : l'étalon noir est à l'écurie, les autres en plein champ. Le quagga émerge d'un environnement brumeux et flou qui ne permet d'identifier aucune caractéristique particulière. Évidemment, ce sont les fameuses rayures qui attirent le regard. L'étalon et la jument n'en présentent aucune, leurs robes étant uniformes. Le quagga semble bien pourvu en rayures sur le ventre par rapport aux quaggas que nous avons déjà décrits. Les contrastes sont importants entre ses pattes et sa queue blanches, sa robe alezane et ses rayures de deux couleurs, uniquement des noires sur le ventre, puis quelques blanches apparaissant graduellement en remontant vers le cou. L'hybride a une allure chevaline, avec une queue souple comme un cheval, une robe alezane présentant quelques rayures au garrot et aux genoux des pattes arrière. La curiosité se porte surtout sur les trois poulains, mais ce n'est pas évident de bien voir les rayures. Sur le premier poulain, représenté de trois quarts par l'arrière, les rayures de couleur noire sont visibles surtout sur les jambes avant, de très faibles lignes apparaissent sur le haut du dos. Le deuxième poulain, au contraire, porte des rayures noires très nettes tout le long du dos, le ventre restant uni de couleur alezane. Enfin, étant donné la disposition du troisième poulain, il est impossible de distinguer des rayures.

Ces peintures constituent en tout cas, pour Sir Everard Home, une série de données scientifiques, conçues pour illustrer les faits présentés dans l'article de Lord Morton, mais aussi ses propres conférences ; des preuves à aller examiner sur place. Ces tableaux, n'étant pas des fantasmes ou de purs produits de l'imagination mais étant issus d'une observation fine et d'une restitution par un peintre spécialiste reconnu, ont certainement ajouté à la crédibilité, à la confiance à accorder à cette histoire. Tous les intéressés étaient libres de venir se faire leur propre opinion en les consultant, de tirer leurs propres conclusions de l'observation des différents protagonistes. Ayant retrouvé très peu de commentaires et d'écrits concernant ces peintures, il est difficile d'évaluer leur rôle direct dans la diffusion de l'anecdote du quagga, de déterminer si elles ont été beaucoup regardées ou pendant combien de temps elles ont été exposées avant d'être reléguées dans les réserves du Royal College of Surgeons[25]. Néanmoins, un relais important a eu rapidement lieu avec les reproductions et gravures publiées dans des ouvrages à succès. Ces reproductions ont assuré une large diffusion des peintures d'Agasse tout au long du XIXe siècle dans différents champs professionnels, notamment en histoire naturelle.

En effet, le lieutenant-colonel Hamilton Smith, auteur de l'*Histoire naturelle des équidés*[26], eut un succès certain avec le volume consacré à l'origine des chevaux et à leur classification. Son ouvrage constituait en fait le tome 12 d'une collection en quarante volumes : *The Naturalist's Library*, dirigée par le naturaliste écossais William Jardine (1800-1874). Cette collection, démarrée en 1833, atteint le nombre conséquent pour l'époque de 4 000 exemplaires imprimés[27]. Les discours pleins de contradictions d'Hamilton Smith sont révélateurs de la confusion existante, des difficultés à démêler les liens entre ressemblances et différences entre individus, ainsi que les relations entre espèces et genre. À titre d'exemple, selon lui, il existe seulement des espèces distinctes (créées par Dieu), et en même temps il décrit des organismes oscillant qui pourraient être fusionnés en une espèce (lors d'hybridation par l'homme civilisé). Il insiste néanmoins sur le fait qu'il n'y a pas de définition satisfaisante de la notion d'espèce car des hybrides peuvent parfois avoir une descendance fertile. Cela est notamment remarquable, selon lui, concernant les espèces domestiquées par l'Homme. Il s'épanche donc longuement sur le cas problématique des hybrides, obtenus par des croisements organisés par l'Homme, qui pourraient bien constituer de nouvelles espèces. Au XIXe siècle, il y avait un intérêt fort des naturalistes pour les expériences d'hybridation, considérées comme des moyens de tester les limites de l'espèce et comprendre le phénomène de transmutation[28], c'est-à-dire de transformation d'une espèce en une autre, d'explorer plus avant les possibilités pour l'Homme d'en créer de nouvelles, mais aussi de comprendre les origines des différentes espèces présentes sur Terre. Smith discute ainsi la façon dont des formes très proches pourraient exister depuis l'origine de la Terre et se fondre en une seule espèce, au service de l'Homme. Selon lui, si les hommes civilisés avaient été en contact avec les zèbres d'Afrique du Sud au lieu des chevaux d'Asie, avec le temps et les croisements réalisés, des animaux de qualité équivalente à ceux existants en Europe, voire supérieure, auraient été obtenus en combinant le pouvoir de halage du quagga, la capacité de charge du zèbre et la rusticité des poneys de montagne du zèbre de Burchell. La question d'une origine unique ou multiple des chevaux reste pour lui très complexe, car les hybridations réalisées posent beaucoup de questions, notamment sur leurs impacts sur les générations suivantes. L'anecdote du quagga constitue pour Smith un cas particulièrement utile à analyser, car il « montre bien la tendance à la propagation des formes étranges plutôt que des formes homogènes », c'est-à-dire des descendants qui ne ressemblent pas aux parents lors d'hybridations entre espèces proches. Un point remarquable pour Smith est le fait que l'hybride présente des zébrures aux jointures, alors que le quagga n'en a pas, ce qui semble démontrer que le quagga est, lui aussi, d'origine hybride.

Le succès de l'ouvrage de Smith est certainement dû au fait que les Britanniques affectionnaient beaucoup les chevaux et avaient des relations complexes avec eux, qu'elles soient économiques, affectives ou encore de notoriété[29].

Le premier ouvrage, appartenant au milieu des reproducteurs et éleveurs, dans lequel est présentée en détail l'histoire de la jument de Lord Morton est le traité vétérinaire de Delabere Blaine (1768-1845)[30], dont la cinquième édition est parue en 1841. La question de la couleur des robes est longuement abordée car une belle couleur, surtout si elle est uniforme, constitue un atour et un atout de poids de la qualité du cheval. Il en existe une très grande variété, même si elles peuvent être plus ou moins « gâchées » par l'apparition de bandes, rayures ou zébrures, que ce soit sur les jambes avant ou arrière, notamment chez les chevaux Duns, une caractéristique génétique alors très répandue en Angleterre, et donc considérées comme plus communes. Dans la section concernant la physiologie du système reproductif, les phénomènes de reproduction sont abordés avec des descriptions précises des systèmes et organes reproducteurs mâle et femelle. L'imprégnation (appelée aujourd'hui « fécondation ») a lieu par l'action de la semence sur l'ovule, appelé « *ovum* » ou « germe », mais est-ce par un contact direct ou bien par une influence sympathique? La question des processus de détermination du sexe du fœtus n'est pas tranchée non plus. Blaine cite différents travaux, certains démontrant l'importance du rôle du mâle, d'autres celle de la femelle. L'influence des parents s'étend aux autres caractéristiques corporelles. Une théorie répandue, remontant à Aristote, est que le mâle donne les caractéristiques morphologiques externes, alors que l'organisation interne provient de la femelle. Une autre hypothèse courante est de considérer que l'influence du mâle est prédominante et que la femelle n'est qu'un foyer, un nid douillet dans lequel le germe est placé pour être élevé. Blaine prévient son lecteur des erreurs de jugement que cela peut entraîner, si l'on se focalise uniquement sur le choix du parent mâle pour obtenir une bonne descendance. Pour lui, les deux parents ont bien une influence forte sur leur descendance. L'éleveur judicieux prend donc soin de sélectionner étalon et jument avec la même rigueur, en compensant chacun des défauts, mentaux ou physiques, d'un parent avec une qualité d'excellence supérieure chez l'autre parent. Cependant, des anomalies résiduelles occasionnelles (comme la cécité, les maladies respiratoires ou les tumeurs des jarrets) peuvent apparaître et c'est là où précisément l'art de l'éleveur s'exerce. La nature ne peut être complètement chassée, déviée de son objectif, mais l'Homme peut la réorienter. La domestication des animaux et la culture de variétés végétales résultent pour lui de ces principes et les hommes ont déjà bien su exploiter avec succès ces capacités. Blaine discute ensuite la manière dont l'éleveur doit justement procéder pour mettre en place un système de sélection des parents, parmi les différentes races, abordant la question de la pureté du sang, utilisant la connaissance généalogique de la famille des géniteurs. Il assure que, pour certains chevaux, le pedigree des ascendants est connu, jusqu'à cent cinquante ans en arrière, et que leurs qualités ont su être bien conservées par les générations d'éleveurs. La reproduction par consanguinité est, d'après son expérience d'éleveur de chiens, tout à fait efficace et les maux qui lui sont attribués généralement, imaginaires. Bien entendu, certaines lignées ont des défauts héréditaires – maladies, prédisposition à, malformations –, mais il est possible de les éliminer grâce à des choix de croisements judicieux. Par ailleurs, Blaine signale un phénomène bien connu chez les chiennes*, qui existe aussi chez les juments, et qu'il est impératif de prendre en considération pour que l'éleveur obtienne les résultats attendus de ses croisements. C'est le « *breeding back* », selon lequel « les ovules ou germes de la future race semblent être formés à l'origine selon un moule commun, sans mélange extérieur ou circonstances accidentelles et auront toujours le même modèle, la même marque de fabrique ». Il relate alors l'histoire de la jument de Lord Morton, exemple parfait selon lui de cette première imprégnation qui conduit toujours à la même descendance, quel que soit le mâle qui succède au premier. Alors qu'il détaille les mécanismes physiologiques de la fécondation et de la grossesse de la jument, il questionne le mécanisme à l'œuvre : « Par quelles lois mystérieuses son imagination peut-elle influencer son petit en gestation ? » Pour Blaine, se positionnant du côté de l'éleveur-reproducteur, l'histoire de la jument de Lord Morton illustre parfaitement la contamination sanguine à éviter, sinon la pureté du sang de la jument est perdue pour toujours, puisqu'elle n'aurait que des descendants semblables à son premier partenaire, le quagga.

Diffusion ultérieure de ce fait particulier

L'histoire de la jument et du quagga est décrite par Lord Morton lui-même comme un fait particulier d'histoire naturelle. Ce fait présente toutes les qualités requises en

* Blaine était un vétérinaire spécialiste des pathologies canines.

ce début du XIXe siècle pour être considéré avec sérieux par les savants, membres de la Royal Society et lecteurs de son journal. La notion de constat, de fait certifié par des témoins irréprochables, est capitale à cette époque, mais cela va évoluer au cours du siècle.

En médecine, la stature de Sir Everard Home a joué un rôle très important dans l'assise et la diffusion de ce fait. Il sera inclus dans un très grand nombre de traités de médecine anglais. À première vue, il semble surprenant qu'une histoire d'équidés avec quagga et chevaux soit une référence en médecine humaine. Bien sûr, il y avait des cas décrits de naissances d'enfants humains particuliers relativement nombreux mais le problème était leur statut et leur degré de crédibilité. Ainsi, dans *The Lancet**, de nombreux cas d'imagination maternelle étaient régulièrement rapportés, avec des descriptions très précises des circonstances effrayantes de leurs conception, gestation et bien sûr accouchement, et des déformations observées chez les nouveau-nés. Le plus souvent, les discussions de ces articles étaient orientées vers les rôles, devoirs et attitudes des médecins vis-à-vis des femmes enceintes. Un médecin reportant un cas de malformation congénitale remarque : « Ayant été formé alors que la communication nerveuse entre la mère et l'enfant n'était pas enseignée, j'ai été pendant de nombreuses années de ma vie professionnelle très sceptique à ce sujet ; maintenant que l'innervation de l'utérus a été démontrée et ayant vu de nombreux cas analogues, j'ai perdu beaucoup de mon scepticisme, bien que je ne puisse prétendre expliquer le *modus operandi*[31]. » Ainsi que l'historienne des sciences états-unienne Harriet Ritvo l'analyse : « En l'absence de traitements abusifs ou d'autres souffrances physiques, les docteurs spéculateurs

---

* *The Lancet*, créé en 1823, est très rapidement devenu le journal médical britannique de référence, le plus connu et apprécié, et est aujourd'hui le plus ancien.

étaient capables, sans grande confidence, de se rabattre sur l'imagination maternelle[32]. » Ainsi, des cas d'imagination maternelle sont reportés tout au long du XIXe siècle, devenant peu à peu des faits intéressants mais sujets à contentieux et, au tournant du siècle, ces cas deviennent des histoires considérées comme farfelues, des fadaises, de simples coïncidences (voir les chapitres 3 et 4).

Néanmoins, en dépit de tous ces rapports, trouver un cas qui soit tout à la fois impressionnant, attractif, fiable et sérieux semblait impossible. Le médecin Alexander Harvey (1811-1889)[33], par exemple, qui s'intéresse beaucoup au sujet, se demande en 1849 si « le fait rapporté par Lord Morton est ou pas une loi générale en physiologie animale et comment [elle] se régule chez d'autres animaux[34] ». Harvey regrette fortement qu'il n'y ait pas de cas humain de référence disponible. Des cas sont rapportés concernant des progénitures d'Européens blancs et de Noirs, mais sans référence claire. Les seules histoires bien décrites sont celles du comte de Strzelecki (1797-1873), d'origine polonaise, explorateur de l'Australie, concernant les relations entre des hommes européens et des femmes aborigènes. « Quand un rapport sexuel a lieu, la femelle native perd son pouvoir de conception avec un mâle de sa propre race, ne gardant que celui de conception avec des hommes blancs. » Alexander Harvey a contribué à la publicisation et à la diffusion des idées de Strzelecki, même s'il reconnaissait qu'il faudrait vérifier ses assertions. Il considérait que les desseins de la providence concernant le développement de la famille humaine comprenaient certainement l'ultime extinction des races noires les plus primitives, ou au moins de certaines d'entre elles. Néanmoins, assez rapidement, le comte de Strzelecki fut discrédité lors de débats à l'Institut royal d'anthropologie britannique par de nombreux observateurs d'ethnies indigènes dans d'autres colonies qui dénonçaient cette loi en exposant des cas de femmes ayant conçu de nombreux enfants issus de pères blancs puis de pères indigènes. En 1866, Walker regrette amèrement cette destitution dans l'introduction de son livre *Intermarriage*[35] et reprend comme « preuve indubitable » de l'imagination maternelle l'histoire de la jument de Lord Morton.

Ces convictions se sont accrues tout au long du siècle et le paléontologue américain Henry Osborn (1857-1935) avait certainement raison quand il écrivit en 1891 : « C'est un axiome parmi les éleveurs qu'un mauvais reproducteur peut affecter toute la descendance ultérieure d'une femelle. Un des cas les plus frappants est celui de la jument arabe de Lord Morton[36] », de loin l'exemple le plus populaire. Mais, dans les ouvrages, traités et articles du milieu des éleveurs, l'histoire du quagga est déformée, tordue, elle devient très imprécise, quelquefois elle est présentée comme rapportée de la bouche d'un ami. Le quagga devient alors un être abominable ou un âne moucheté d'Afrique, la jument « vendue par un vil ou cauteleux arabe » est stérile et ne sera rendue fertile que par la saillie du quagga. Aucune explication n'est donnée, l'histoire de la jument de Lord Morton devient une anecdote plaquée brutalement au détour d'un paragraphe et, au tournant du siècle, les éleveurs doutent clairement de la capacité de la science à expliquer ce phénomène[37].

Ainsi, à la suite de sa publication en 1821, l'histoire du quagga a été rapidement reconnue comme un fait, une preuve mais aussi comme une illustration frappante. Sa facilité d'utilisation, car elle bénéficie d'une grande confiance et d'une forte crédibilité, lui assure une diffusion large en médecine dès 1822, dans le milieu professionnel des éleveurs de chevaux grâce à l'ouvrage du vétérinaire Blaine, puis à un public plus large, s'intéressant à l'histoire naturelle, grâce à l'ouvrage de Jardine, mais aussi, nous le verrons dans le chapitre suivant, grâce à des écrits de nature plus sociale et politique.

Ce rayonnement de l'histoire du quagga résonne tout à fait avec les perspectives évoquées par Staffan Müller-Wille et

Hans-Jörg Rheinberger, historiens spécialistes des questions d'hérédité. Leurs analyses montrent en effet qu'aux XVIIIe et XIXe siècles, « les concepts initiaux d'hérédité se sont d'abord développés de manière très différente et indépendamment les uns des autres dans le contexte de régimes de connaissance très variés comme la médecine, l'histoire naturelle ou les milieux d'éleveurs[38] ». Néanmoins, ces différents cercles de connaissances n'étaient pas cloisonnés de manière étanche, les connaissances se diffusaient d'un champ à l'autre, il existait des passerelles souples entre ces domaines. L'histoire du quagga a emprunté ces passerelles sans trébucher, ce qui lui a permis de traverser le XIXe siècle avec brio.

3
IMAGINATIONS MATERNELLES

Doctrines des impressions et imagination maternelle

La « vieille doctrine des impressions produites par l'imagination » mentionnée par Lord Morton dans le post-scriptum de son article fait partie d'un ensemble de doctrines disparates souvent rassemblées sous la dénomination globale d'« imagination maternelle ». Selon les périodes de l'histoire, ce terme correspond à une diversité de situations, de symptômes et de modalités explicatives proposées. Très en vogue au XVIIIe siècle, cette notion disparut peu à peu des textes philosophiques et médicaux au cours du siècle suivant avec l'émergence de nouvelles théories de la reproduction, mais resta une forte croyance populaire jusqu'à la fin du XIXe siècle[1]. L'imagination maternelle entre ainsi, depuis l'Antiquité, selon l'anthropologue Pascale Gleize[2], dans les problématiques du jeu des ressemblances et dissemblances entre parents et enfants, et des théories de la génération.

Le texte de la Genèse concernant les brebis de Jacob est souvent cité comme l'une des premières sources mentionnant les effets de l'imagination et sa maîtrise par l'Homme[3]. Jacob, souhaitant acquérir une indépendance vis-à-vis de son beau-père, Laban, propose que celui-ci lui donne quelques chèvres et moutons de ses troupeaux. Précisément ceux qui sont moins beaux que les autres – marquetées et tachetées pour les chèvres, et de couleur foncée pour les moutons. Laban accepte volontiers car ces bêtes ont peu d'intérêt pour lui ; étant moins prisées, elles se vendent bien moins chères. Jacob a une idée derrière la tête pour obtenir rapidement un troupeau de bêtes important. Il présente des branches dénudées d'écorce de peuplier, d'amandier et de platane aux yeux des brebis et chèvres en chaleur qui vont à l'abreuvoir. Les femelles donnent alors naissance à des chevreaux et agneaux blancs et rayés, tachetés et marquetés. Cela assure à Jacob la constitution d'un grand troupeau, source de richesse.

Ici, deux mécanismes sont à l'œuvre : formation de l'image dans l'esprit de la mère grâce à la vision, puis transmission de la mère à l'enfant. La vision joue un rôle fondamental : c'est la blancheur des branches dénudées de peuplier que voit la brebis en chaleur qui va être transmise à son petit. L'œil absorberait des images ou simulacres, c'est comme cela que la vision se formerait dans notre esprit[4]. Cette notion est présente dans les théories grecques de l'Antiquité. La « vision modèle la semence[5] ». Aucune précision ou explication n'est donnée dans ce texte concernant le mécanisme de transmission à l'enfant hormis le fait que cette vision doit avoir lieu au moment des chaleurs. Ici, il n'est point question d'imagination au sens de création de l'esprit, mais au sens concret de transmission de ce qui est vu par la mère à l'être qui sera enfanté. Nous remarquons que, dans ce passage biblique[6], le rôle de Dieu apparaît tout de même important dans la procréation des brebis. Ainsi, dans un rêve, un messager révèle à Jacob comment Dieu l'a aidé en orientant certains mâles reproducteurs à couvrir les femelles en chaleur, relativisant ainsi à la fois le pouvoir de l'imagination maternelle et celui de Jacob, simple homme, éleveur de chèvres et de moutons.

Dans la médecine hippocratique – qui sera ensuite propagée par Aristote et Pline –, le cadre théorique et médical de la génération est formalisé autour de quelques notions fortes. D'une part, le fœtus est considéré comme étant le fruit du mélange des semences mâles et femelles émises par toutes les parties du corps, et notamment par le cerveau (ce qui explique le plaisir ressenti lors de l'acte sexuel)[7]. D'autre part, l'état de grossesse entraîne des perturbations du sang et des autres humeurs* de la femme, ce qui provoque des besoins et des envies pressantes, parfois curieuses, mais qu'il ne faut en aucun cas contrarier. Enfin, l'imagination maternelle, « faculté mentale mal définie mais stimulée par les sens et les impressions extérieures[8] », est capable d'imprimer des marques sur le fœtus au moins pendant les premières semaines de la vie fœtale. Les médecins hippocratiques décrivent ainsi l'importance de la vue ; l'un des cas classiques est l'influence du portrait d'un Éthiopien placé dans la chambre à coucher d'une femme qui donne alors naissance à des enfants noirs, bien que son mari soit blanc comme elle[9].

Pline, discutant des questions de différences et ressemblances entre parents et enfants, donne un rôle très important à l'imagination en y ajoutant d'autres sens que la vue. Il écrit : « Les ressemblances tiennent sans doute à l'imagination, sur laquelle on pense que beaucoup de circonstances fortuites exercent de l'influence, la vue, l'ouïe, les souvenirs et les images qui frappent au moment de la conception. La pensée même qui traverse subitement l'esprit de l'un ou l'autre parent passe pour déterminer ou altérer la ressemblance. Aussi y a-t-il plus de différences chez l'homme que chez les autres animaux ; la rapidité des pensées, la promptitude de

* Selon la théorie des humeurs de la médecine hippocratique, les quatre éléments (air, eau, feu et terre) sont associés aux quatre humeurs (sang, lymphe ou pituite, bile jaune et bile noire ou atrabile), associées à quatre tempéraments (sanguin, flegmatique, colérique et mélancolique).

l'esprit et la variété des dispositions impriment des marques diversifiées[10]. »

Selon Joël Coste, historien de la médecine, la conception de Pline de l'imagination maternelle et de la ressemblance entre les parents et les enfants a très fortement influencé la manière dont on expliquait l'apparence des nouveau-nés jusqu'au Moyen Âge et même encore au XVIe siècle dans la médecine savante[11]. Cela se retrouve dans les théories dites « des envies », diffusées dans les communautés médicales mais aussi plus populaires, qui expliquent les marques (pigmentaires et vasculaires, comme des taches de naissance) observées sur les corps des nouveau-nés par des envies insatisfaites, le plus souvent alimentaires ou encore sexuelles, pendant la grossesse de la femme. À partir d'un corpus ancien de textes appelé *Erreurs populaires au fait de médecine et de régime de santé* publié à partir de 1578 par des médecins, Coste a réalisé une analyse passionnante des cas d'envies présentés, ce qui permet d'avoir un aperçu de l'importance de ces théories et des explications données. À la fin du XVIe siècle, il semble n'y avoir aucun doute sur l'effet des envies insatisfaites et des pouvoirs de l'imagination de la femme, comme on peut l'envisager à la lecture de ce corpus mais aussi des écrits de Montaigne qui indique : « Toujours est-il que nous voyons par expérience les femmes envoyer aux corps des enfants qu'elles portent au ventre des marques de leurs visions[12]. » Coste montre bien comment, après une éclipse d'un siècle, le sujet des envies revient au début du XIXe siècle. Dans un texte de 1810, l'envie est balayée comme une erreur commune, commise par le « vulgaire », qui consiste à croire que les vices de conformation sont dus à l'imagination. Mais, dans l'édition suivante, en 1812, l'auteur Anthelme Richerand (1779-1840), membre important de l'école de médecine de Paris, effectue un retournement spectaculaire d'opinion. S'appuyant sur les écrits des célèbres philosophes

Nicolas Malebranche (1638-1715) et Pierre-Louis Moreau de Maupertuis (1698-1759), il affirme que l'on ne peut nier un impact fort de l'état de la femme enceinte sur le fœtus. Même s'il critique globalement leur crédulité et se refuse à affirmer que des taches du fœtus puissent être causées par l'imagination, il reconnaît que des états de forte agitation, modifiant les humeurs, des passions violentes comme des frayeurs, peuvent altérer les organes du fœtus. Mais, pour lui, l'absence de communication des vaisseaux entre mère et enfant induit une isolation qui protège en quelque sorte l'enfant de ces chocs.

Tout au long du XIXe siècle, le corpus des *Erreurs* discute la question des envies maternelles, montrant ainsi l'actualité et l'intérêt pour ces théories, en France, dans les milieux médicaux. De plus, Coste décèle dans ces écrits des tendances misogynes. La femme enceinte y est considérée soit comme une enfant devant être surveillée de près pour limiter les insatisfactions indésirables, soit au contraire comme une rouée, se servant de cette supposée imagination à des fins de manipulation, pour que ses envies les plus folles soient assouvies par son entourage.

Théories de la génération

L'éclipse des envies, dans le corpus des *Erreurs* du XVIIIe siècle, peut être reliée à l'émergence de nouvelles théories expliquant les processus de génération. Cette émergence est induite, entre autres, par les travaux d'observation utilisant des microscopes qui permettent, avec l'amélioration de ces appareils, de caractériser plus finement les structures des organes sexuels, leurs fonctionnements et leurs productions[13]. Après le séminisme, théorie attribuant la formation de l'embryon au mâle, de la médecine hippocratique, popularisé par Galien notamment, d'autres auteurs proposent des variantes, impliquant de manière plus ou moins importante les semences mâles ou femelles. Le médecin anglais William Harvey (1578-1657) en 1651 dans son *Essai sur la génération des animaux*[14] expose sa théorie de l'imprégnation (dite aussi « de contagion » en français) : le fœtus est une idée de la matrice féminine où il se développe. Harvey est partisan de l'épigenèse : le fœtus provient de l'impression communiquée à la femme par la liqueur prolifique de l'homme. D'après des observations qu'il avait pu faire sur des biches et des daines, il fut convaincu de l'absence de pénétration de semence mâle dans l'utérus et de l'importance fondamentale des œufs, même si cela ne fait pas de lui un oviste ainsi que certains auteurs aimeraient le présenter[15].

C'est plutôt en 1672 avec la parution du *Nouveau traité des organes génitaux de la femme* par le médecin anatomiste néerlandais Reinier De Graaf (1643-1673)[16] que les théories ovistes prennent leur essor. De Graaf y indique clairement que tous les animaux, ainsi que l'Homme, tirent leur origine d'un œuf. Non pas d'un œuf formé dans la matrice par la semence, comme le pensait Aristote, ou bien par la vertu séminale, comme le pensait Harvey, mais d'un œuf qui existe avant le coït chez les femelles[17]. L'ovisme inspire, à la fin XVIIe siècle et au cours du XVIIIe siècle, de nombreuses observations, plus ou moins fantaisistes, accompagnées d'hypothèses jugées plus ou moins farfelues selon les suiveurs ou les opposants. Ces derniers, souvent regroupés par les historiens des sciences dans la catégorie des animalculistes*, comprenaient ainsi ceux qui avaient observé la présence dans la semence de ce qu'ils appelaient des têtards, en commençant par un étudiant en médecine, Louis de Ham en 1677, puis les microscopistes Antoni van Leeuwenhoek (1632-1723) et Nicolas Hartsoeker (1656-1725)[18]. Les questions étaient nombreuses : qui prédominait de l'œuf ou

* Les animalculistes pensaient que l'enfant se développait de manière prédominante à partir d'un animalcule (appelé, selon les auteurs, « têtard » ou « ver ») contenu dans la semence du mâle.

de l'animalcule ? Étaient-ils bisexués ? L'Homme pouvait-il venir d'un têtard aussi laid ? Pétillants de vie, ces animalcules détrônaient l'œuf mou mais, étant si nombreux dans une goutte de semence, ils défiaient la logique et les lois de la nature. Comment imaginer la rencontre pour ceux qui persistaient dans une vision équilibrée des apports mâles et femelles ? Buffon rétablit l'équilibre en proposant, à partir d'observations au microscope, un million de « vers » et une chance sur un million de pénétrer dans l'œuf. Le système du médecin Jean Astruc (1684-1766) prônait aussi l'équilibre puisqu'il proposait que le ver porte l'image du père, que l'œuf porte en moule l'image de la mère et que le produit final soit donc à l'image des deux parents[19]. Puis se mêla la question de la préexistence des germes* et de leur emboîtement continu, donnant lieu à de multiples variantes des théories selon les sensibilités des auteurs, notamment préformisme animalculiste ou préformisme oviste. Dans ce dernier cas, Ève aurait-elle porté l'humanité entière[20] ?

L'imagination maternelle est ainsi peu présente dans les écrits philosophiques et médicaux, au XVIIIe siècle. Peut-être trouve-t-elle plus difficilement sa place parmi les théories de la génération ? En effet, si les organismes sont préformés et ne font que croître dans le corps de la femme, les éléments extérieurs aux germes ne devraient avoir que peu d'impact sur l'apparence des enfants obtenus par croissance de ces germes. Néanmoins, comme l'indique l'historien des sciences de la vie Jacques Roger (1920-1990), la notion d'imagination – maternelle mais aussi paternelle – était, dans le cadre des théories de la préexistence des germes, un bon moyen d'expliquer comment les enfants pouvaient ressembler à leurs parents, alors qu'ils leur préexistaient[21].

---

* La préexistence des germes est une conception selon laquelle les germes sont préformés, donc existent depuis toujours et sont emboîtés les uns dans les autres. Selon les théories, ils peuvent préexister dans les œufs (ovisme) ou les spermatozoïdes (animalculisme).

Théories de l'hérédité dans l'Angleterre victorienne

Au début du XIXe siècle, à l'aube de l'ère victorienne en Angleterre, il y a un fort intérêt sociétal pour les questions de transmission et d'hérédité. Comme nous l'avons vu, les théories d'hérédité sont plutôt développées par les éleveurs, vétérinaires et médecins que par les naturalistes. Les informations circulaient librement entre ces domaines mais avec des différences fortes d'interprétation, de compréhension et d'utilisation des données et faits disponibles. Pour les éleveurs, l'important était de pouvoir prévoir le résultat d'un croisement particulier afin d'obtenir des bêtes de valeur. Un grand nombre de principes et théories de transmission de caractères et d'hérédité ont ainsi été énoncés par les éleveurs. Le naturaliste et géologue anglais Charles Darwin (1809-1882) a d'ailleurs beaucoup correspondu et travaillé avec eux, s'inspirant de la sélection artificielle pour concevoir le concept de sélection naturelle, moteur de sa célèbre théorie de l'évolution[22].

Les ethnologues s'intéressaient à la transmission de caractères car établir le degré de plasticité intrinsèque* des humains et des animaux était perçu comme pouvant aider à résoudre le débat prolongé entre les monogénistes et les polygénistes à propos de l'existence et la signification des races. Ainsi, les polygénistes mettaient en cause les assertions des monogénistes, partisans de l'existence d'une seule race humaine comme dans le récit biblique. Pour eux, les facteurs environnementaux, comme le climat et la diète, n'étaient pas les seuls responsables des variations héréditaires entre les différents groupes d'hommes et il existait des races d'hommes avec des caractéristiques intrinsèques différentes[23]. De leur côté, les médecins,

* La capacité des individus d'une même espèce à présenter des variations phénotypiques (morphologique, physiologique, comportementale).

les physiologistes ainsi que les aliénistes employaient la notion d'« héritage » pour expliquer une gamme très large d'états normaux et pathologiques. Les idées de transmissions héréditaires de maladies étaient extrêmement populaires auprès des médecins, notamment concernant la goutte, certains cancers et des infirmités physiques. D'ailleurs, les théories de l'hérédité étaient souvent prises en compte, au moment d'effectuer les choix des partenaires de mariage[24]. En effet, les questions du mariage des faibles d'esprit et de leur propagation dans la société étaient déjà bien présentes, avant que les préoccupations eugénistes proprement dites n'émergent à la fin du XIXe siècle. De nombreux médecins admettaient les liens entre démence et individus issus d'unions consanguines. Aucune distinction claire n'était établie entre les facteurs environnementaux et héréditaires responsables des maladies, les deux étant souvent confondus. Cela avait certainement un grand avantage concernant les maladies impossibles à soigner car cela permettait au médecin d'expliquer simplement et de justifier la résistance aux interventions thérapeutiques. Ainsi, dès le milieu du XIXe siècle, certaines compagnies d'assurances furent récalcitrantes à assurer ceux dont les parents étaient morts de maladies constitutionnelles (goutte, scrofule tuberculeuse, certains cancers) ou surtout étaient affectés de maladies mentales. Les médecins encourageaient ainsi leurs patients à se renseigner, aussi bien sur les finances que sur les maladies des familles de leurs futurs partenaires, avant de consentir à un mariage.

Imagination maternelle et imprégnation par le premier mâle

Si la définition de l'imagination maternelle est restée assez simple, les significations données aux causes et aux conséquences de l'imagination ont été très diverses suivant les périodes et les communautés qui s'en sont emparées. Elles étaient liées aux questions sensibles de détermination de la paternité, du statut des femmes, des processus de génération et de conception et des ressemblances entre individus et entre descendants.

Deux grands courants d'imagination maternelle peuvent être identifiés, qui ont coexisté avec des recouvrements et des explications variables suivant les communautés populaires, les cercles et sociétés savantes. Cette distinction, certainement arbitraire, est néanmoins intéressante car elle nous permet de voir un peu plus clairement, au cours du XIXe siècle, l'évolution des questionnements associés, des explications physiologiques données et des conséquences sociétales qu'elles ont pu avoir. Ces deux courants se différencient selon le moment précis où l'imagination exerce son influence.

D'un côté, tout au long de leur grossesse. Les pensées et émotions des femmes enceintes impactent la constitution de leurs enfants à venir, entraînant des enfants malformés, voire monstrueux ou au contraire de toute beauté et pleins de santé, selon ce que la femme a ressenti. Les « envies maternelles » désignent à la fois les troubles alimentaires et/ou sexuels de la femme enceinte et les marques corporelles identifiées sur l'enfant né.

De l'autre, au moment précis de la conception. L'état d'esprit de la femme a un impact sur l'enfant à venir, que ce soit par ce qu'elle voit directement ou par ce qu'elle imagine à cet instant-là. Par extension, plus tardivement, le rapport sexuel sera considéré comme entraînant une modification physiologique à long terme de la femme, perdurant donc bien au-delà du produit de ce rapport et de l'accouchement.

En plus de la vue, l'imagination peut aussi être excitée par le contact physique avec un mâle particulier, ce qu'on retrouve dans les doctrines de l'imprégnation ou impression. Jacques du Fouilloux (1519-1580), grand chasseur du Poitou, dans son recueil *La Vénerie* mentionne déjà cela, en 1561, comme le premier secret qu'il faut assurément connaître pour obtenir de beaux chiots. Il conseille de choisir soigneusement un premier chien d'excellente race pour couvrir sa chienne et être le géniteur de sa première portée, car, dans toutes les portées suivantes, il y aura toujours quelques chiots qui ressembleront à ce premier chien[25]. Lord Morton se référait certainement à ces idées quand il parlait de vieille doctrine de l'impression. Le premier mâle qui s'est accouplé avec une femelle, et le plus souvent l'a fécondée, est considéré comme l'ayant imprégnée définitivement avec sa semence. En conséquence, certains, voire tous les descendants de cette femelle, quels que soient les mâles successifs qui la féconderont, ressembleront à ce premier mâle. De nombreuses doctrines ou mécanismes physiologiques et théories biologiques ont été proposés, au fil du temps et notamment au XIXe siècle, pour expliquer ces processus, suivant l'évolution des connaissances anatomiques et du fonctionnement des organismes femelles ainsi que des processus de fécondation et de reproduction. Ces théories d'imprégnation s'appliquaient aux animaux, en général aux mammifères et le plus fréquemment aux chiens, mais aussi aux humains avec des implications sociétales fortes concernant notamment la nécessité de virginité avant le mariage, le problème du remariage des veuves, l'adultère mais aussi la justification des viols, comme des moyens de modeler les populations, et les questions de pureté raciale particulièrement aiguë dans les contextes de colonisation.

Le quagga, un emblème des doctrines d'imagination maternelle

Au tournant du XIXe siècle, en Angleterre, quelques articles publiés dans *Philosophical Transactions* discutent de l'influence des parents sur leur progéniture et des doctrines d'imprégnation. Une longue étude intitulée « Une investigation expérimentale concernant l'imprégnation animale » par le médecin John Haighton (1755-1823)[26], publiée en 1797, présente une synthèse des travaux ayant permis d'éclaircir, selon lui, ce processus d'imprégnation. Elle nous permet de contextualiser plus précisément les idées sur le sujet, de faire le point sur l'état des connaissances, les questions restantes et les dispositions d'esprit des lecteurs potentiels de la lettre de Lord Morton. Haighton rappelle tout d'abord la difficulté du sujet que même le grand Harvey n'a pas su résoudre, alors qu'il a pu comprendre la circulation du sang. Son enquête comprend trois parties : quelles sont les preuves de l'imprégnation ? Quelle est la cause directe de l'imprégnation ? Sous quelle forme les premiers éléments du fœtus passent-ils de l'ovaire à l'utérus ? Pour chacune des parties, l'auteur entreprend de résumer les arguments pour et contre donnés par les différents philosophes ou physiologistes. Il relate ensuite des expériences qu'il a pu mener, avec un nombre impressionnant de lapines sacrifiées pour l'occasion, observant l'état des ovaires, l'évolution journalière du corps jaune après une copulation et la progression du sperme dans les organes féminins. Une autre série d'observations comprend des ablations d'ovaires afin d'évaluer l'impact sur la fertilité. En conclusion, Haighton fait appel à la sympathie ou au consentement des parties* qui permet, selon lui, le recrutement progressif** à partir de la stimulation du vagin par la semence mâle, de l'ovaire, puis des trompes, ce qui permet ainsi le transport du fœtus jusqu'à l'utérus ainsi que son implantation.

Un article de 1809[27] communiqué par le botaniste britannique Thomas Knight (1759-1838) discute l'influence relative des parents mâles et femelles sur l'aspect de la progéniture.

---

* Dans la théorie vitaliste, les différents éléments du corps ont des relations par affinités, selon le phénomène de sympathie, d'attirance entre eux.

**Le recrutement progressif désigne la propagation d'organe en organe des forces vitales permettant la mise en place d'un processus physiologique, comme ici la grossesse.

Ce qui est marquant, c'est la grande variété d'organismes présentés, aussi bien d'origine végétale qu'animale (arbres fruitiers, ovipares et quelques vivipares, vaches, moutons...) et qui sont considérés comme ayant des fonctionnements communs, l'auteur rappelant qu'il subsiste une analogie entre plantes et animaux concernant la génération. L'auteur s'oppose ici aux idées de Linné qui considérait que le caractère du mâle s'exprimait dans les parties extérieures. Ses observations fines de plantes lui ayant permis de conclure que les plantules présentent plutôt les caractères et habitudes de la femelle. Chez les animaux, il pense que le sexe de la descendance est déterminé par le parent femelle*. Cependant, dans cet article, Knight ne discute pas du tout l'imagination maternelle, ce qui démontre le peu d'intérêt pour cette question à ce moment-là en histoire naturelle. Cela changera quand Darwin s'y intéressera au milieu du XIXe siècle.

Les explications de l'imagination maternelle ont été au cours du XIXe siècle essentiellement l'affaire de vétérinaires et médecins qui cherchaient des causes physiques aux malformations des enfants. Aucun d'entre eux ne croyait à un effet à distance de l'esprit de la mère sur l'enfant, c'était clairement dû à des connexions physiques qui devaient donc pouvoir être mises au jour. Il y a ainsi une sorte de scission qui s'opère, avec des intérêts forts pour la question restreinte de l'imprégnation du premier mâle, même s'il est encore fait mention dans les textes de la question générale de l'imagination maternelle. Mais, généralement, on observe une distanciation des médecins par rapport aux histoires d'envies et de malformations liées aux frayeurs ou bonheurs intenses au cours de la grossesse et qui semblent toujours impliquer des effets à distance. Elles sont alors comme reléguées dans les catégories *d'histoires de bonnes femmes.*

---

* Aujourd'hui, nous savons que, chez les mammifères, ce sont le plus souvent les gamètes du parent mâle qui sont déterminantes pour le sexe.

Nous avons vu au chapitre 2 que Sir Everard Home avait démontré l'existence de nerfs, en 1822, dans le cordon ombilical et le placenta humains (ainsi que dans ceux d'autres mammifères comme le chien, le lapin), établissant ainsi un lien physiologique entre le cerveau de la mère et le corps et le cerveau du fœtus. Ces liens physiques permettaient selon lui d'expliquer physiologiquement « l'influence que peuvent produire sur l'enfant à naître les affections du corps ou de l'esprit de la mère[28] ». Cependant, si cela pouvait bien définir les deux types d'imagination maternelle, ses explications n'eurent pas beaucoup de succès. En tout cas, peu de textes s'appuient dessus, mais peut-être est-ce dû à une faible diffusion de ses travaux ?

Certains scientifiques, comme le médecin et naturaliste William Carpenter (1813-1885) dans son *Manuel de physiologie* de 1839, favorisaient l'hypothèse de modifications de la jument non pas au moment même de la conception, même si c'est à cet instant que se déclenchait l'influence, mais tout au long de la grossesse, par l'intermédiaire du fœtus hybride, porteur de caractéristiques mâles qu'il transférait à sa mère par le sang fœtal[29]. Plus précisément selon le vétérinaire James M'Gillivray (1825-1865), les connexions vasculaires, localisées dans l'utérus, le placenta et le cordon, permettaient des échanges directs entre le sang du fœtus hybride et celui de sa mère[30]. Comme le fœtus hybride possédait des caractéristiques de son quagga de père, il les transmettait en contaminant le sang de sa mère, la jument arabe, détruisant ainsi sa pureté. Celle-ci possédant dorénavant des caractéristiques du quagga ne pouvait plus donner naissance qu'à une progéniture ayant des caractéristiques du quagga comme les rayures.

Le Dr Alexander Harvey était en désaccord, mineur néanmoins, avec M'Gillivray. Pour lui en effet, la connexion vasculaire n'était pas directe comme l'assurait M'Gillivray, mais indirecte seulement au travers du placenta par imbibition*[31]. Il n'y avait donc pas d'échanges de corpuscules, c'est-à-dire d'éléments, du sang du fœtus vers celui de la mère. Les particularités constitutionnelles dérivant de son quagga de père devaient être transmises par d'autres constituants organiques, qu'il restait à identifier. Les mécanismes de contamination devaient pour lui être similaires à ceux de la variole, dont on savait qu'elle passait inaltérée de la mère à son enfant pendant la grossesse, ou même au cas de transmission de la syphilis chez les humains. Le Dr Harvey passe aisément, sans marquer de différence, au sein du même paragraphe, du cas de la jument de Lord Morton à des cas humains, impliquant des femmes, leurs maris successifs et leurs enfants. Il proposa, dans un pamphlet de 1850, que les sociétés d'agriculture d'Écosse, d'Irlande et d'Angleterre promussent des campagnes d'expériences auprès d'éleveurs pour démontrer l'hypothèse de l'impression maternelle. Selon lui, il était nécessaire de tester suffisamment d'animaux, en nombre et en variété, dans deux types d'expériences. Les premières visaient à déterminer dans quelle mesure l'imprégnation par un premier mâle influe sur la descendance obtenue avec un mâle ultérieur, les secondes à déterminer jusqu'à quel point les perceptions externes (vue, ouïe) de la mère, que ce soit lors du coït ou bien pendant la grossesse, influencent le fœtus. À ma connaissance, aucun appel officiel ne fut lancé par les sociétés d'agriculture.

Pour d'autres scientifiques, le quagga ne pouvait pas avoir transmis ses caractéristiques à la jument via leur progéniture commune ; le quagga devait avoir, d'une façon ou d'une autre, modifié directement la jument elle-même. Il s'agissait donc de modifications profondes de l'appareil sexuel de la femelle par le mâle, concernant certains organes reproducteurs ou bien l'entièreté de cet appareil. La vieille

* L'imbibition est l'absorption par un matériau de molécules présentes dans son environnement.

explication du naturaliste bernois Albert de Haller (1708-1777), raisonnant sur les croisements d'une jument avec un âne puis avec un cheval, était celle d'une modification permanente faite par la semence du mâle sur l'appareil génital et plus particulièrement sur les ovaires de la femelle. Cette explication semblait très convaincante, même si les mécanismes n'étaient pas du tout détaillés[32]. Plus tard, d'autres auteurs, dont Darwin et Spencer, utilisèrent aussi ce type d'explications, élargissant même à l'organisme entier.

Du côté des traités d'élevage de chevaux anglais du XIXe siècle, généralement rédigés par des vétérinaires, une grande diversité de points de vue concernant l'influence du géniteur précédent est exposée, rendant difficile l'évaluation de l'étendue de la diffusion et des convictions concernant cette doctrine. Selon les auteurs, la mention de l'histoire de la jument de Lord Morton est plus ou moins détaillée, précise et correcte. Dans l'ouvrage de l'écrivain équestre Cornelius Tongue (1800-1884) de 1851[33], guide utile pour les éleveurs et sélectionneurs équestres, de longs chapitres sont consacrés à la sélection de juments et d'étalons afin d'obtenir de bons descendants, ainsi qu'aux conditions d'élevage et de dressage des poulains et pouliches obtenus. C'est au chapitre consacré aux étalons que Tongue, après avoir rappelé l'importance de la généalogie et des qualités des parents qui permettent de produire des lignées de chevaux exceptionnels, soulève l'épineuse question du changement de partenaire et des conséquences désastreuses que cela peut avoir. Il introduit l'histoire du « quagga et de la jument arabe » que lui a racontée un vieil ami de confiance. Il assure que les chevaux ont des facultés de mémorisation beaucoup plus importantes que ce qu'on pourrait croire. La jument ici est décrite comme étant stérile depuis plusieurs années et, en désespoir de cause, soumise au quagga, ce qui fut un succès puisqu'elle produisit un hybride. Tous les descendants qu'elle eut ensuite avec des chevaux ont alors porté des rayures similaires à celles du quagga, chaque poulain ayant des marques plus faibles que le précédent, comme si l'impression s'effaçait. Aucun mécanisme d'explication n'est ici proposé, seules les conséquences pratiques sont importantes : il est crucial de bien choisir le premier étalon proposé à la jument, car aucun changement ne peut avoir lieu ensuite. Pour cela, il faut chercher la complémentarité, l'étalon devant combler par ses qualités les faiblesses observées chez la jument.

Dans un autre traité[34], le pouvoir de l'imagination est considéré de manière beaucoup plus large. Il peut entraîner une diffusion de phénomènes ; ce qui arrive à une jument peut influencer un troupeau entier. L'exemple donné concerne un cas d'avortement spontané (ou fausse couche) de jument qui a impressionné fortement toutes les autres juments du champ, entraînant une série noire d'avortements. De même, dans le traité américain de l'agronome et zoologiste Manly Miles (1826-1898) consacré à l'art du croisement et de la sélection[35], les théories d'hérédité concernent les caractères normaux mais aussi les maladies, les caractères acquis et anormaux, et l'atavisme*. Il est indiqué que l'influence du mâle dans le processus de procréation n'est pas limitée à sa descendance immédiate mais s'étend aussi, au travers de la femelle qu'il a imprégnée, à toute sa descendance, quelles que soient les qualités de ses autres partenaires mâles. Miles présente alors toute une série de cas illustrant ses propos, le premier d'entre eux étant la jument de Lord Morton. Selon lui, l'un des seuls moyens d'effacer l'influence de la première imprégnation est de répéter de nombreuses fois les croisements avec d'autres mâles ; plusieurs cas animaliers illustrent son propos. Miles présente aussi un exemple de famille humaine, impliquant une femme blanche et des enfants obtenus avec

* Apparition chez un individu de caractères présents chez un de ses ancêtres et qui avaient disparu depuis une ou plusieurs générations.

un homme noir puis avec un homme blanc. Miles effectue alors un bilan des hypothèses pour expliquer cette influence de la première imprégnation ayant entraîné une descendance d'enfants noirs exclusive. La première d'entre elles suppose que la mère soit impressionnée par les caractéristiques paternelles du fœtus, pendant la période intra-utérine, faisant référence aux explications données par Carpenter, Harvey et M'Gillivray. Ce qui dérange Miles, c'est que, le phénomène ayant été observé aussi chez les poules (alors que le fœtus est isolé dans l'œuf), le sang du fœtus ne peut pas contaminer celui de la mère. Il considère alors une autre théorie défendue par le vétérinaire James Law (1838-1921) qui repose sur les dernières connaissances du développement cellulaire et des tissus. L'ovule fécondé communiquerait ses caractéristiques aux cellules de la muqueuse utérine puis au placenta qui, en retour, les communiquerait à la muqueuse utérine et à l'embryon lors de la grossesse suivante. Cette théorie, que Miles trouve audacieuse et séduisante, n'est néanmoins pas complètement satisfaisante à ses yeux. D'autres travaux ont, en effet, décrit de manière précise et indiscutable comment le placenta et la muqueuse utérine disparaissent intégralement après chaque grossesse. Ici, Miles ne saute pas du coq à l'âne mais du quagga à la poule. En effet, le cas des poules lui paraît fort intéressant pour comprendre le phénomène, il cite de nombreux autres exemples, bien documentés, par des éleveurs au-dessus de tout soupçon, concernant des races de poules de type Dark et Light Brahma. L'explication la plus probable, reprise par Miles d'un manuel d'aviculture, est énoncée ainsi : « L'habitude de faire la même chose que ce qui a déjà été fait. Le système reproductif féminin est en quelque sorte moulé par les caractéristiques de son premier né et va avoir tendance à le produire encore et encore... » Louis Agassiz (1807-1873), géologue et biologiste, qui a étudié ces phénomènes chez la tortue et le chien, en conclut que « l'acte de fécondation n'est pas un acte qui se limite à cela, mais c'est un acte qui affecte le système entier, plus spécifiquement le système sexuel et en son sein, c'est l'ovaire qui est tellement modifié après cette première imprégnation que les imprégnations suivantes ne peuvent pas l'effacer». Miles est tout à fait convaincu que c'est effectivement l'ovaire qui est modifié en s'appuyant sur les connaissances des processus cellulaires ovariens, notamment celui du corps jaune.

Dans ces traités anglais, beaucoup de conseils, d'argumentaires et de discussions interminables tournent autour du problème de la couleur des robes des chevaux. C'est un caractère déterminant de la valeur du cheval qui occupe une place très importante dans la société anglaise : instrument de travail, compagnon de tous les jours mais aussi reflet de la catégorie sociale. Les courses et concours sont très populaires et mobilisent l'aristocratie. C'est aussi la mode des croisements et productions de nouvelles races de chevaux chez les aristocrates ; comprendre les transmissions de caractères dans les générations et l'hérédité est ainsi primordial[36]. Enfin, les chevaux sont un enjeu dans le développement de nouveaux marchés commerciaux avec l'étranger. Dans ces traités, les explications physiologiques des processus d'imprégnation n'étaient pas nécessaires, les faits semblaient tellement évidents, il y avait aussi des doutes parmi les éleveurs sur la nécessité et même sur les capacités de la science à expliquer cela. Très certainement au long du XIXe siècle, la croyance en l'imagination maternelle était croissante et le paléontologue Henri Osborn semble bien avoir saisi l'esprit de l'époque quand il écrivit en 1891 : « C'est un axiome dans la communauté des éleveurs/sélectionneurs qu'un mauvais mâle peut affecter toutes les lignées futures. Un des exemples les plus frappants est celui de la jument arabe de Lord Morton[37]. »

Autres explications locales et précoces

Dès les premières diffusions de l'histoire du quagga, il y a eu en parallèle des interrogations à propos de sa véracité, de la certitude des observations faites sur les poulains et pouliches et surtout de la pertinence des explications et hypothèses évoquées, mais ces critiques restaient ignorées ou bien invisibles, sans effet, au moins aux yeux des fervents défenseurs du quagga.

Ainsi, en juin 1839, une lettre fut envoyée à la Royal Society par un médecin écossais, W. Macdonald, membre du collège des médecins d'Édimbourg, qui semble surtout s'être consacré à l'étude de la circulation sanguine fœtale[38]. Dans cette lettre (dont seul le résumé de lecture en séance est disponible aujourd'hui) intitulée « À propos des marques de la variété Eel-Back Dun du cheval ordinaire d'Écosse », Macdonald présente les observations qu'il a faites concernant les marques des chevaux écossais de la race Eel-Back Dun. Étant très similaires à celles observées chez les poulains et pouliches issus de la jument et de l'étalon arabes, elles lui permettent de douter de la justesse des conclusions de l'article de feu Lord Morton. Il note de plus que les marques observables sur les membres des poulains et pouliches sur les peintures d'Agasse ne sont pas observables sur le quagga. Pour Macdonald, les faits observés par Lord Morton s'expliquent de manière plus naturelle et surtout plus cohérente avec les lois physiologiques connues du développement en supposant une impureté dans le sang de la jument arabe, sûrement due à un parent ancestral appartenant à la race Eel-Back Dun dont les particularités seraient réapparues à cette génération.

Cette première mise en doute des faits rapportés par Lord Morton semble être passée totalement inaperçue et n'a suscité presque aucune réaction d'adhésion ou de rejet. La seule disponible, aujourd'hui tout au moins, est celle du colonel Hamilton Smith dans son ouvrage *Histoire naturelle des équidés* dont nous avons déjà discuté au chapitre précédent[39]. Le colonel Smith relève le point présenté par Macdonald mais il élimine immédiatement cette explication car la nature et le nombre des rayures observées sur le dos et les épaules ne lui semblent pas compatibles avec les explications avancées par Macdonald. En effet, cela n'expliquerait « que la ligne dorsale et les marques des membres ». Cette explication par une réapparition de caractères ancestraux apparaissait-elle trop simple ou au contraire trop complexe pour être considérée sérieusement ? Ou bien la mise en doute de la pureté de sang des chevaux arabes était-elle trop inquiétante ?

En tout cas, au long du XIXe siècle, le point de vue de Macdonald n'a pas fait école. Une remarque de William Turner (1832-1916), professeur d'anatomie indique, en 1889, mais sans faire du tout référence à Macdonald : « Je peux imaginer que l'on puisse dire que c'est un cas de réversion à un ancêtre lointain, possédant des marques, commun au quagga et au cheval. Mais à mon sens, il n'y a pas besoin d'aller chercher une explication si hypothétique et si tirée par les cheveux[40]. »

Comment le quagga se retrouve dans des livres de conseils conjugaux

Deux ouvrages sont considérés ici, à titre sinon d'exemple du moins d'échantillon représentatif des discours sur la sélection de partenaires conjugaux, dans des traités très populaires. Le premier est *Intermarriage* d'Alexander Walker (1779-1852), écrivain écossais, spécialisé en physiologie et anatomie, dont les sous-titres sont très éclairants : « Comment et pourquoi la beauté, la santé et l'intelligence découlent de certaines unions et la difformité, la maladie et l'insanité sont produites dans d'autres – Démonstration par délimitation de la structure et des formes ainsi que des descriptions des fonctions et capacités de chaque parent, dans chaque couple, qui influent sur leurs enfants – selon la conformité avec certaines lois naturelles et en s'appuyant sur les effets correspondants dans les croisements de sélection chez les animaux[41] ». Walker écrivit une trilogie, un essai de non-fiction sur et pour les femmes, qui fut un grand succès populaire aussi bien au Royaume-Uni qu'aux États-Unis. *Intermarriage*, deuxième tome de cette trilogie, plaide pour la création d'une nouvelle science qui permettrait aux couples de prévoir précisément leur reproduction, afin que leurs descendants soient beaux, en bonne santé, intelligents et préservés de difformité, maladie et démence. Walker explique que son travail est tiré de ses observations personnelles de ses semblables mais qu'il a aussi consulté les éleveurs les plus renommés de bétail, chevaux, vaches et moutons, sans oublier les horticulteurs comme le célèbre jardinier Thomas Knight. Au fil des chapitres, Walker édicte et explique les lois naturelles régulant les caractéristiques de la progéniture issue des unions : lois de sélection des parents, lois des croisements dont les consanguins, lois de la sexualité, lois de la nutrition maternelle assorties d'explications physiologiques. Toutes les lois énoncées dépendent uniquement de propriétés intrinsèques aux organismes et ne font pas intervenir de facteurs environnementaux. Par exemple, l'engraissement et la production de laine dépendent entièrement d'un bon fonctionnement du système vital et non pas de l'alimentation du mouton. La plupart du temps, les organes moteurs et externes proviennent du père, alors que les organes internes ou vitaux proviennent de la mère.

L'anecdote de la jument de Lord Morton est présentée dans le chapitre « Lois de ressemblance » à la section concernant les circonstances modifiant ces lois, dont l'imagination maternelle. Walker discute les interprétations possibles de cette anecdote, qui est encore une fois présentée comme un des cas les plus flagrants, en reprenant différentes explications. Celle du médecin Thomas Mayo (1790-1871), pour qui la connexion physique avec le mâle produit une impression physique sur tous les ovules, y compris donc les immatures, semble tout à fait improbable à Walker. L'explication du vétérinaire Blaine, faisant référence à des impressions reçues par l'esprit de la mère qui sont transmises à certains de ses ovules et affectent donc certains, voire tous ses futurs enfants, lui semble bien plus probable.

Le *Traité philosophique et physiologique de l'hérédité naturelle*[42] du médecin français Prosper Lucas (1808-1885) est une excellente synthèse des efforts de compréhension et de fonctionnalité du concept d'hérédité, tel qu'il était envisagé, en France tout au moins, vers 1830 dans les communautés médicales[43]. Lucas présente l'anecdote de la jument de Lord Morton en se référant à Sir Everard Home, dans le chapitre IV intitulé « De l'hérédité d'influence, ou de la représentation des conjoints antérieurs dans la nature physique et morale du produit », comme un exemple qu'on ne peut mettre en cause. Curieusement, les détails donnés sont farfelus ; le quagga est un « âne moucheté », la jument a été ensuite fécondée par trois étalons arabes successifs. Après avoir écarté toutes les instances et circonstances dans lesquelles les ressemblances ne font pas mystère pour les cas humains (adultères notamment), Lucas indique que « loin d'avoir la fréquence que les anciens auteurs lui ont supposée, le fait est aussi peu commun dans notre espèce, que dans les autres espèces de l'animalité[44] ». Pour lui, l'important est de bien distinguer dans les interprétations les différentes causes. Il faut différencier les causes psychologiques mises en avant par certains auteurs des causes physiologiques qui lui paraissent bien plus sérieuses à rechercher et étudier. Ainsi, les « phénomènes nommés d'imagination de la mère sur le fœtus, et ceux que nous nommons hérédité en retour et hérédité d'influence se touchent ». Cette hérédité d'influence, définie comme la « représentation des conjoints antérieurs dans la nature physique et morale du produit », est celle que l'on retrouve à l'œuvre dans l'histoire du quagga. Elle suppose que l'effet de la fécondation s'étende bien au-delà du résultat immédiat[45]. Pour Lucas, après avoir bien examiné les différentes situations de ressemblance chez les humains entre père légal et père véritable et adultérin, il conclut que l'on surestime la proportion des cas d'hérédité d'influence car il y a souvent confusion entre deux faits bien distincts : l'un est la ressemblance du fils adultérin à son père putatif ; l'autre est la ressemblance au mari, dans les cas d'adultère. La cause psychologique mentionnée par les auteurs est « la préoccupation mentale de la mère au moment du coït ; c'est la peur d'une surprise en flagrant adultère », mais, les animaux n'ayant pas ce type de préoccupation mentale car il n'y a pas d'adultère chez eux, la cause ne peut être que physiologique.

La considération donnée à l'anecdote du quagga dans ces deux traités populaires est assez similaire et nous permet d'envisager que l'influence du premier mâle fasse partie des points à considérer lorsqu'on s'intéressait de manière sérieuse aux questions d'hérédité humaine.

Le sceau de Darwin

Après la publication de la lettre de Lord Morton dans la revue *Philosophical Transactions* de la Royal Society, puis les peintures d'Agasse accrochées au mur du Royal College of Surgeons à Lincoln's Inn Field au centre de Londres, et enfin les reproductions gravées incluses dans la célèbre encyclopédie naturaliste de Jardine *The Naturalist's Library*, voici une étape qui a joué un rôle fondamental dans la renommée et la réputation de l'histoire du quagga : son étude par Charles Darwin. En effet, Darwin mentionne le quagga à de multiples reprises dans ses travaux, que ce soit dans des carnets de notes préliminaires dont *Transmutations Notebooks*[46] des années 1840, dans des brouillons de 1842 et de 1844 mais aussi dans des livres – les six éditions de *L'Origine des espèces* (1859) et *De la variation des animaux et des plantes à l'état domestique* (1868)[47]. Dans ce dernier livre, Darwin assure qu'« il n'y a aucun doute que le quagga a affecté le caractère de la descendance ultérieure de la jument et de l'étalon arabe noir », confirmant ainsi la considération qu'il a pour cette anecdote. Considération qui est en fait du même ordre que celle de Walker et de Lucas : un fait qu'on ne peut négliger et qu'il faut expliquer.

Darwin s'est intéressé à de nombreux aspects et questionnements autour des mécanismes de l'hérédité et de la nature de la variabilité. Cela constituait un pendant très important à sa théorie de la sélection naturelle ; une explication des mécanismes par lesquels la transmission des caractères jouait un rôle sur la sélection naturelle était importante pour compléter sa théorie[48]. Il s'est ainsi intéressé à la question du rôle de chacun des parents dans la morphologie de leurs descendants. Selon une théorie aussi ancienne qu'Aristote, que le grand-père de Darwin, Erasmus Darwin (1731-1802), avait rediscutée dans son ouvrage *Zoonomia* et que Walker avait remise au goût du jour grâce à *Intermarriage*, le mâle était responsable des caractéristiques externes du fœtus, alors que la femelle fournissait le matériel nutritif permettant le développement des organes internes[49]. Cette théorie définissait deux hérédités, l'une externe, l'autre interne. Pour résoudre ces questions, Darwin s'est énormément appuyé sur les éleveurs et sélectionneurs de plantes ou d'animaux, notamment de pigeons. En effet, pour eux, l'important était la capacité à prévoir le résultat d'un croisement particulier ; un grand nombre de principes et théories de transmission ou non de caractères et d'hérédité avaient été énoncés par des éleveurs. Darwin avait donc établi des correspondances avec un réseau de professionnels du monde entier. Il s'appuyait sur les données récoltées pour tester ses hypothèses et les confirmer ou les infirmer[50]. Il avait ainsi rédigé un questionnaire intitulé « Questions à propos de la sélection des animaux » à l'attention des éleveurs et naturalistes concernant la transmission de caractères. Sur les vingt et une questions, deux concernaient l'influence du premier mâle et donc la transmission de ses caractéristiques aux enfants issus des partenaires suivants[51]. Un des points importants des analyses, faites par Mary Bartley, historienne de la biologie, concernant ces notions d'hérédités externe et interne, est que Darwin, bien qu'il se souciât beaucoup de la véracité des faits, rejetait très rarement* complètement une théorie en la déclarant fausse[52]. Dans ce cas précis, il existe de nombreux écrits de Darwin montrant qu'il remettait très sérieusement en question ces notions. Dans sa bibliothèque, sa copie d'*Intermarriage* contient par exemple une note manuscrite de quatre pages rejetant les arguments de Walker sur les hérédités externe et interne. Pourrait-on supposer que ce fût la même chose concernant l'histoire du quagga ? Il n'existe pas de notes de ce type retrouvées pour l'instant. Juste après, il aurait commencé à utiliser le terme d'« hérédité » de manière systématique plutôt que de « transmission des caractères »[53]. Cependant, nous savons grâce à Bartley que Darwin a en quelque sorte commandité auprès de son réseau, notamment auprès du naturaliste anglais William Tegetmeier (1816-1912), des expériences sur des poules afin de reproduire un cas d'imprégnation rapporté par un des éleveurs avec qui il était en contact. Il s'agissait d'une poule de race Spanish pondant des œufs noirs, fait absolument extraordinaire. Tegetmeier se chargea de répéter lui-même les croisements (des poules de race Spanish, à œufs blancs,

* Darwin était assez timide et souvent décrit comme ayant peur des conflits, avec une difficulté à imposer ses idées et toujours modéré dans ses propos.

avec des coqs de race Cochin – les poules Cochin ont des œufs noirs) avec l'éleveur mais ils ne purent obtenir les fameux œufs noirs. Darwin écrivit alors à Tegetmeier en lui demandant conseil car il était très tenté d'utiliser le cas dans ses écrits pour démontrer un phénomène d'impression du mâle sur la femelle. La réponse de Tegetmeier étant sans ambiguïté – aucune poule ne se mit à produire des œufs noirs –, Darwin ne le fit pas. L'intérêt de Darwin pour ces cas permettant de montrer la prédominance du mâle sur la femelle lors de l'imprégnation ne s'est jamais démenti. Et encore une fois, l'histoire du quagga était un exemple solide.

Darwin discute le cas du quagga selon deux perspectives différentes dans ses écrits : celle des couleurs et rayures des robes des chevaux liées à la question décidément entêtante de l'origine des chevaux, et celle de l'hérédité et des mécanismes de transmission des caractères et de l'apparition de variations dans le cadre de ce qui prendra forme tardivement dans sa théorie de la pangenèse.

L'apparition soudaine de rayures dans la descendance d'espèces des chevaux est discutée dans *L'Origine des espèces*[54] au chapitre concernant les lois de réversion*. Darwin note bien que, chez certains quadrupèdes domestiques et certains oiseaux, pigeons notamment, des marques colorées ressurgissent, alors qu'elles avaient disparu depuis plusieurs générations. Il note aussi la tendance de certains chevaux à présenter des rayures, les plus communes étant positionnées le long de l'arête dorsale. Il s'appuie sur de nombreux exemples, comme ceux donnés par Hamilton Smith, ou sur des observations faites par son fils, Francis Darwin (1848-1925), de races d'origines écossaise et norvégienne, mais aussi chinoise, indienne, ou encore sud-américaine.

* Les lois de réversion concernent les mécanismes par lesquels des facteurs, provenant des deux parents, donnent une combinaison dominante identique à celle qui caractérisait un ancêtre.

Le mécanisme impliqué est pour lui de l'ordre de la réversion qui affecte, le plus souvent, les chevaux dits de couleur sauvage ou Dun. Leurs rayures sont généralement plus apparentes chez les poulains et s'estompent chez les adultes. Puis il considère des cas de croisements entre différentes races de chevaux et autres quadrupèdes et c'est là qu'il discute le cas de « l'hybride fameux de Lord Moreton (*sic*) issu d'une jument baie et d'un quagga mâle et des descendants issus de la jument avec un étalon arabe noir, qui étaient beaucoup plus rayés le long des pattes que le quagga lui-même[55] ». La tendance des hybrides à être plus rayés que leurs parents est un signe fort, pour Darwin, de réapparition de caractères ancestraux. Ici, il considère les chevaux rayés comme un argument indiscutable de l'existence d'un ancêtre commun. Si les chevaux, ânes et zèbres avaient été créés comme des formes séparées, pourquoi les espèces qui n'ont normalement pas de rayures en développeraient-elles ? À la fin de cette discussion Darwin affirme : « J'ose de manière confiante regarder des milliers de générations en arrière et je vois un animal rayé comme un zèbre mais peut-être par ailleurs constitué très différemment, qui est l'ancêtre commun de notre cheval domestique, qu'il descende ou non d'un ou de plusieurs lignées de chevaux sauvages, de l'âne, de l'hémione, du quagga et du zèbre[56]. » Dans son ouvrage *Variation des animaux et des plantes pendant la domestication*, au chapitre sur l'hérédité, Darwin démarre par des références à l'ouvrage de Prosper Lucas, puis à d'autres ouvrages d'auteurs anglais, plus centrés sur les maladies héréditaires. Pour Darwin, les phénomènes d'hérédité s'observent particulièrement bien chez les chevaux car leur durée de génération est bien plus courte (deux à trois ans) que chez les humains (vingt-cinq ans environ). Beaucoup de travaux sur leur descendance sont ainsi publiés et il y a une remarquable et surprenante unanimité de la pensée des vétérinaires équins de tous les pays à propos de la transmission de certaines tendances morbides (à la maladie), comme l'arthrose ou l'apoplexie sanguine.

Darwin, dans le chapitre sur les causes de la variabilité observée parmi les individus d'une population, discute de la croyance populaire concernant l'impact de l'imagination de la mère sur le fœtus dans l'utérus[57]. Selon lui, elle n'est plus très répandue, seules certaines personnes y croient encore. Il mentionne les résultats d'une étude de l'anatomiste William Hunter. Dans un hôpital londonien, chaque femme enceinte avait été interrogée avant son accouchement, à propos d'événements particuliers ayant affecté son esprit pendant la grossesse. Aucune corrélation n'avait été détectée entre leurs déclarations et des malformations particulières observées sur les fœtus. Darwin émet alors l'hypothèse que le pouvoir présumé de l'imagination maternelle peut être lié aux cas des enfants issus d'un second mariage, qui ressemblent au père précédent, comme cela arrive parfois assurément. Ici, Darwin exclut toute cause psychologique ou effet de l'esprit, le point important est la transmission de caractéristiques provenant du père précédent et c'est donc une hérédité nécessitant des moyens physiques, physiologiques. Dans le chapitre consacré aux modes irréguliers de reproduction et de variation, il s'intéresse notamment aux effets directs d'éléments mâles sur la forme femelle. Chez les plantes, cela se traduit par des observations de modification des fruits (qui sont normalement issus de l'ovaire uniquement) et non seulement des graines (qui proviennent de la fécondation de l'ovule par le pollen), notamment des gousses de pois. Darwin fait une transposition, chez les animaux, à partir de ces observations. « Si nous pouvions imaginer la même fleur donnant des graines pendant plusieurs années, alors il ne serait pas surprenant qu'une fleur dont l'ovaire a été modifié par du pollen étranger puisse les années suivantes produire par autofertilisation une descendance modifiée par l'influence mâle précédente. » Darwin cite des cas analogues chez les animaux dont la première référence est celle de la jument de Lord Morton. Il cite ensuite d'autres cas chez les chevaux et chez une grande variété d'animaux domestiques (cochons, chiens, moutons). Il passe rapidement en revue les explications données par les physiologistes : l'imagination de la mère (qu'il considère donc comme très peu probable) ou les connexions sanguines par les vaisseaux entre l'embryon et la mère. Ce qui lui semble le plus probable, par analogie avec ses observations sur les plantes, c'est qu'un élément mâle agisse directement sur la femelle et non pas au travers de l'embryon.

Darwin formule d'abord sa théorie de la pangenèse dans *Variation des animaux et des plantes pendant la domestication*, et la développe ultérieurement dans *La Filiation de l'homme* (1871)[58]. Il explique que son hypothèse provisoire implique que chaque partie de l'organisme se reproduit elle-même. Ainsi, ovules, spermatozoïdes, grains de pollens, boutons floraux, œufs fertilisés ou encore graines contiennent une multitude de gemmules provenant chacune d'une partie spécifique de l'organisme. Il inscrit sa théorie dans la lignée de celle énoncée par Hippocrate (et combattue par Aristote) ou par Buffon avec ses molécules organiques, même s'il y a des différences importantes... Darwin présente la liste des faits dont il pense qu'ils sont bien expliqués par l'hypothèse de la pangenèse, notamment l'atavisme, la nature mixte des greffes et hybrides, l'hérédité des mutilations et d'autres caractères acquis, la régénération des membres amputés et enfin l'action directe d'éléments mâles sur la femelle. Présentant ce dernier point, après avoir reparlé des plantes (dont les fruits comme citron et pois, dérivés de l'ovaire, sont affectés par le pollen), il passe aux animaux pour lesquels la reproduction ne se fait qu'à maturité quand toutes les parties sont bien développées et donc ne devraient pas être modifiées par des gemmules de l'autre sexe. Le cas de la jument de Lord Morton a été présenté quelques pages auparavant, encore une fois comme un cas parfaitement bien étayé d'élément mâle affectant les ovules de la femelle. Darwin reconnaît qu'une explication toute simple serait que les spermatozoïdes du quagga puissent survivre dans l'organisme de la femelle pendant une longue période, mais il indique que tout le monde sait que cela n'arrive pas chez les animaux supérieurs. Dans son développement de la pangenèse, Darwin ne détaille pas comment les gemmules mâles agissent sur les tissus femelles, mais il explique que l'on comprend bien la réapparition de marques comme des zébrures sur les chevaux après de nombreuses générations, les gemmules correspondantes se multipliant et s'accumulant de génération en génération.

L'utilisation par Darwin de l'anecdote du quagga de Lord Morton a été finement analysée par l'historien des sciences Richard Burkhardt[59]. Ce dernier ainsi que le paléontologue et historien des sciences de l'université Harvard Stephen Jay Gould (1941-2002)[60] se sont demandé pourquoi Darwin avait considéré si sérieusement cette anecdote. Pour Gould, les raisons de Darwin sont difficiles à comprendre. Comme déjà vu, il s'est intéressé de près aux rayures des chevaux et autres équidés dans une perspective de compréhension des relations entre les équidés, de détermination d'un potentiel ancêtre commun et d'évolution. Selon Gould, Darwin aurait donc pu très facilement discréditer l'anecdote du quagga de Lord Morton par les arguments de réversion et d'ancêtres rayés des chevaux. Pour Burkhardt, Darwin avait de bonnes raisons de discuter ce cas dans le cadre de sa théorie de la pangenèse. « Darwin sentait que le phénomène détenait la clé pour comprendre comment le développement d'un organisme nouveau est guidé par les particules héréditaires qu'il reçoit de ses parents. Il croyait qu'il pourrait faire sens de l'histoire de Lord Morton en effectuant un parallèle avec l'influence occasionnelle du pollen sur les tissus maternels de la plante mère[61]. »

L'hypothèse de la pangenèse de Darwin ne suscita pas un enthousiasme général. Néanmoins, les critiques ne portaient pas du tout sur sa croyance en l'influence de l'élément mâle sur la forme femelle – celle-ci étant bien acceptée –, ce qui était discuté, c'étaient les mécanismes de transmission des caractères. Francis Galton (1822-1911), cousin de Darwin et fondateur de l'eugénisme*, critiquait l'idée d'une libre circulation dans tout l'organisme des gemmules et la croyance en l'hérédité des caractères acquis. Il considérait l'influence de l'élément mâle sur la forme femelle comme un fait, mais elle lui semblait être bien mieux expliquée par sa propre théorie de l'hérédité, une variante de celle de Darwin, qui impliquait des *stirps* (« racines » en latin), des éléments responsables de la transmission des caractères d'une génération à l'autre. Un enfant était formé de *stirps* provenant de chacun de ses parents[62].

À partir de 1860, les auteurs mentionnant l'histoire du quagga se réfèrent toujours à Darwin et non plus à Sir Everard Home ou à Hamilton Smith. Cette référence écrase en quelque sorte les précédentes, agissant comme un sceau, une empreinte qui garantit l'authenticité et l'importance de l'anecdote du quagga.

Pendant ce temps-là, sur le continent

Il est bien plus difficile de trouver des traités d'éleveurs français du début du XIXe siècle, qui mentionnent l'histoire du quagga. Ce n'est pas surprenant car les thèmes abordés dans ces ouvrages ne s'y prêtent pas. Il y est question de l'état de santé de la jument avec des descriptions précises

* L'eugénisme est l'ensemble des méthodes et pratiques ayant pour but d'améliorer la race humaine. L'eugénisme positif vise à encourager la reproduction des individus dits « supérieurs », alors que l'eugénisme négatif vise à empêcher la reproduction des individus dits « inférieurs ».

des signes physiques, physiologiques et morphologiques à observer, de son alimentation, des soins, de maladies, du déroulement de la gestation, etc. Il n'y est question ni d'hérédité, ni de détails des croisements, où viendraient s'insérer les idées d'imagination et d'imprégnation ? Plusieurs manuels d'éleveurs mentionnent des pistes de réflexion pour améliorer l'industrie chevaline qui est jugée en piteux état dans les années 1840 et 1850, mais l'action se situe à un niveau politique départemental et national. À la fin du *Petit manuel de l'éleveur de chevaux*[63] d'Antoine Jacob (1792-186-), vétérinaire militaire, la clé est donnée pour obtenir une descendance satisfaisante : « Si des vices de formes ou des défectuosités quelconques sont acquises, le mâle et la femelle porteurs de ces conditions reproduiront les mêmes ; tandis que des mélanges entre des animaux reproducteurs qui n'ont pas les mêmes vices de formes feront disparaître toutes ces difficultés acquises sous l'influence de certaines circonstances. » Pour Jacob, un facteur important est la diversité des parents mais c'est loin d'être le seul : « C'est en variant la nourriture, le genre de vie, de travail et toutes les circonstances influentes, que l'on peut modifier l'organisation des animaux. » Cette idée intéressante semble être profondément ancrée en France, l'idée que les conditions de vie, le milieu environnant sont les clés, les forces agissantes sur le développement, sur ce que sont et deviennent les êtres, plutôt que des qualités intrinsèques qu'ils posséderaient ou qui seraient transmises par leurs parents. Est-ce pour cela que l'histoire de la jument de Lord Morton a eu moins d'impact en France ? Est-ce parce que les aspects d'hérédité sont considérés comme moins influents que les aspects environnementaux ?

Du côté des médecins, analysons à titre d'exemple la thèse de Jean-Baptiste Bérard, soutenue en 1835, pour obtenir le grade de docteur en médecine à la Faculté de médecine de Paris, exposant les causes de la monstruosité[64]. Il en distingue deux grands types : celles généralement admises jusqu'à présent et les rationnelles. Concernant les premières, il décrit d'abord l'une des théories « les plus généralement répandues, celle qui rapporte à cette imagination de la mère toutes les aberrations, toutes les anomalies de l'organisation humaine : cette opinion, qu'on ne retrouve plus aujourd'hui que parmi les gens du monde, a été d'abord partagée par de grands philosophes et d'habiles médecins. Aucune opinion cependant ne supporte moins l'examen sévère de la raison ». Il s'appuie sur les propos du naturaliste français Étienne Geoffroy Saint-Hilaire (1772-1844) qui considère que la confusion, l'angoisse qui s'emparent de la mère et des proches à la naissance d'un monstre expliquent le recours à cette explication à défaut d'en connaître les vraies raisons. Selon Bérard, les objections que l'on peut faire à cette « erreur populaire » sont nombreuses, notamment que la ressemblance entre la monstruosité et ce qui a frappé l'imagination de la mère ne résiste en général pas à un examen rigoureux. Ensuite, le fait que de nombreuses femmes aient engendré des enfants difformes sans qu'elles aient eu au cours de leur grossesse d'imagination particulière. Et encore le fait, qu'au contraire, de nombreuses femmes aient éprouvé des impressions très fortes, lors de leur grossesse et aient accouché d'enfants normaux. Enfin, si l'influence de l'imagination de la femme était vraiment importante, pourquoi ne voit-on pas l'effet des pensées positives entraînant des enfants beaux et bien faits ? Ensuite, Bérard passe à des arguments s'appuyant sur des éléments d'anatomie et de développement de l'embryon. Au début de la grossesse, le fœtus est encore non adhérent à l'utérus, il flotte librement dans la cavité utérine, donc l'imagination ne peut avoir aucune influence sur lui. Par la suite, il est comme « enté à sa mère par le moyen du placenta », il a alors une « vie isolée et indépendante » et, pour Bérard, il n'existe aucune communication nerveuse entre eux, ce qui est « le plus important qu'on puisse objecter, puisque aucune impression physique ou morale ne peut se transmettre sans le secours de l'innervation ».

Faut-il en conclure que, si Bérard, comme Sir Everard Home, avait connu l'existence des nerfs dans le cordon ombilical, il aurait considéré l'imagination maternelle comme une cause rationnelle ? Que c'est seulement par ignorance qu'il rejette cette théorie ? Il faut tout d'abord prendre en compte les autres causes, celles qu'il qualifie de « rationnelles ». Mais il faut avant toute chose remarquer que Bérard reconnaît un seul cas où l'influence maternelle peut être admise, lors de la conception. C'est celui où la femme « aurait éprouvé une vive émotion, une commotion violente, une perturbation capable de troubler l'acte de conception, à l'instant même où elle a lieu », car c'est, selon lui, seulement au moment de sa formation que le fœtus peut être affecté par sa mère.

Concernant les causes rationnelles, qui ont à ses yeux un pouvoir explicatif satisfaisant, Bérard se réfère, d'une part, à la science sur les monstres qui, grâce à Haller, l'anatomiste Xavier Bichat (1771-1802), Geoffroy Saint-Hilaire, le professeur d'anatomie Johann Meckel (1781-1833) et le médecin Antoine Serres (1786-1868), a permis de faire émerger l'idée que la monstruosité est non un désordre aveugle, mais un ordre particulier soumis à des règles constantes et précises. D'autre part, il mobilise des classifications dans lesquelles à chaque catégorie de monstres sont associées une ou deux causes. Par exemple, en ce qui concerne les envies qui font partie du mélanisme, c'est-à-dire un « excès dans le développement du *pigmentum* de la peau », elles seraient dues à des taches sanguines ou mélaniennes provenant soit de malformations des vaisseaux sanguins sur la peau, soit d'anomalies par excès d'abondance, du *pigmentum*, pigment qui a son siège principal dans le corps muqueux de Malpighi, une couche de l'épiderme de la peau[65].

Les éleveurs allemands et français ainsi que les professeurs d'agronomie et d'élevage, qui développaient les réflexions sur les élevages et participaient au développement de l'agronomie, ne considéraient pas sérieusement les récits et cas de ressemblances/dissemblances entre parents et enfants, ni d'apparition de petits à apparence particulière impliquant l'imagination maternelle. Ainsi André Sanson (1826-1902), professeur à l'Institut national agronomique, dans son *Traité de zootechnie ou économie du bétail*[66], présente dès le premier chapitre les lois de l'hérédité. Il expose les arguments de ceux qu'il considère comme les zootechnistes les plus influents d'Europe, faisant référence à l'éleveur allemand Hermann von Nathusius (1809-1879) et au professeur d'agriculture allemand Hermann Settegast (1819-1908) pour réfuter cette doctrine de l'imagination. Il discute ainsi ce cas cité partout de la jument de Lord Morton. Comme Settegast, Sanson remarque que les peaux et gravures des poulains ne présentent pas de marques aussi convaincantes que les descriptions qui en sont faites. Comme von Nathusius, il s'interroge sur la prétendue particularité de cette apparition de marques. En effet, il n'est pas rare dans des élevages de chevaux que des juments n'ayant eu aucun contact avec un quelconque zébride mettent bas des poulains avec de fortes zébrures. Il présente ainsi plusieurs cas de poulains provenant de croisements bien documentés avec lignées généalogiques, nés avec des marques qui s'estompent voire disparaissent au cours de la première année. Ces marques s'expliquent par ce qu'il nomme des « phénomènes de réversion dépendant de l'atavisme ». Il mentionne de plus des expériences de von Nathusius sur les moutons, comportant les analyses de plus d'un millier de croisements, recherchant des « phénomènes d'infection » sans aucun résultat positif. Mentionnant un cas concernant une truie qui, après avoir été fécondée par un sanglier, donna ensuite avec des verrats blancs des gorets tachés de noir, il pose la question fondamentale : cette truie était-elle ou non de race pure ? Sans cette information capitale, impossible de conclure. Sanson traite donc la théorie de l'imagination maternelle comme « totalement imaginaire, totalement incompatible physiologiquement avec les connaissances sur l'ovulation et la fécondation » et qu'il est superflu d'en entreprendre la réfutation. Ainsi, Sanson est stupéfait, abasourdi même, de voir que des auteurs scientifiquement instruits puissent encore discuter de ce cas et il assure que tous les meilleurs agronomes européens le rangent dans la catégorie des croyances, non scientifiques, de chasseurs.

Néanmoins, dans son cours de physiologie générale, portant sur les « phénomènes de la vie commune aux animaux et aux végétaux », donné à l'Institut de France et à la Royal Society, Claude Bernard (1813-1878), médecin et physiologiste, a consacré un chapitre au sujet de l'imprégnation de l'élément femelle par l'élément mâle[67]. Il y rappelle qu'il faut toujours un grand nombre de spermatozoïdes pour un ovule unique ; si ce nombre baisse trop, la fécondation sera sans efficacité ou bien incomplète. Ce type de fécondation ne lui semble pas assez étudié par les naturalistes, alors qu'il permettrait de comprendre certaines observations inexpliquées, notamment le fait qu'un « rapprochement sexuel antérieur pourrait faire sentir son influence sur le résultat d'une conception ultérieure », ce que Claude Bernard appelle aussi « ressouvenir organique ». Il ne cite pas le cas de la jument de Lord Morton mais des cas qu'il a observés lui-même lorsqu'il était préparateur (technicien) de François Magendie (1783-1855), alors président d'une commission consacrée à l'amélioration de la race chevaline. Lors de croisements de chevaux de race pure, il était fréquent d'observer sur les poulains obtenus des caractères appartenant à d'autres races. Pour Claude Bernard, c'était là le fruit d'imprégnations antérieures et les conséquences à en tirer étaient très claires : toujours utiliser « des juments vierges, n'ayant jamais subi les approches du mâle ». Deux types d'explications lui semblent acceptables : soit la fécondation incomplète, qui reste donc en attente en quelque sorte et pourrait ultérieurement donner un fœtus si le phénomène de fécondation se termine, soit la « conservation prolongée de quelques spermatozoïdes dans une zone des voies génitales de la femelle ». La physiologie de la poule lui semble démontrer l'existence de cette réserve puisque l'on observe une production atteignant sept œufs après une copulation. Cette réserve de sperme avait d'ailleurs déjà été démontrée chez les abeilles et d'autres insectes.

Les raisonnements de Claude Bernard montrent qu'il ne faudrait pas cependant en déduire une vision tranchée, à tendance caricaturale, avec d'un côté un engouement anglo-saxon et de l'autre une opposition continentale raisonnée. La situation était plus nuancée que ne le laissent envisager les analyses de Burkhardt[68]. En effet, cette méfiance continentale ne se diffusait pas au-delà de la Manche, en Angleterre et en Écosse, mais elle ne se répandait pas non plus dans les cercles littéraires français où, au contraire, l'imprégnation était un thème en vogue.

Dans la seconde moitié du XIXe siècle, ces thèmes se diffusent dans de nombreux romans français, notamment ceux de Jules Michelet (1798-1874) ou d'Émile Zola (1840-1902). Ce dernier s'est beaucoup intéressé aux travaux scientifiques de son époque, notamment à ceux qui concernent la physiologie et les méthodes expérimentales au travers de son amitié avec Claude Bernard[69] et tout ce qui concerne l'hérédité par le biais d'une autre amitié intense avec Prosper Lucas. Le thème de l'hérédité est en effet au cœur de la série des Rougon-Macquart, notamment du roman *Le Docteur Pascal*[70]. Néanmoins, s'il est bien souvent question d'influence des conjoints antérieurs dans ces romans, l'anecdote de la jument n'est jamais mentionnée, les intrigues ne concernant que des relations humaines.

4

LA TÉLÉGONIE, UN PROBLÈME SCIENTIFIQUE À RÉSOUDRE

En 1889, dans son discours d'ouverture du congrès de la British Association for the Advancement of Science, William Turner, président de la relativement jeune section d'anthropologie, justifie son choix de présentation du thème de l'hérédité comme étant bien plus dans l'air du temps et attractif pour le public que le premier thème auquel il avait songé : les caractéristiques physiques entre les différentes races d'Homme[1]. Ce thème lui était, en effet, bien plus familier, étant anatomiste à l'université d'Édimbourg.

Tout d'abord, Turner définit l'hérédité ainsi : « Propriété permettant que les particularités d'un organisme soient transmises à ses descendants au cours des générations successives afin que les enfants ressemblent à leurs parents. » Interrogeant ensuite la nature des supports physiques de l'hérédité dans l'organisme, au sein des cellules, Turner mentionne notamment les travaux d'Oscar Hertwig (1849-1922), embryologiste allemand montrant que la fécondation est la fusion de deux cellules germinales provenant des parents mâles et femelles.

Cette fusion des deux noyaux des cellules germinales, minuscules mais complexes physiquement et moléculairement, selon les termes de Turner, va conduire, après de nombreuses divisions cellulaires, à la formation de couches cellulaires embryonnaires puis à la production d'un organisme. Ces processus, quoique toujours en cours de description et de compréhension, contribuent à l'émerveillement et à l'actualité de l'expression latine *magnum hereditatis mysterium* (« le grand mystère de l'héritage »). L'un des problèmes à résoudre est de déterminer comment les cellules germinales ou reproductrices sont formées et vont être capables, alors qu'elles sont isolées assez rapidement – car localisées dans les organes sexuels (les gonades) – des cellules constituant le reste de l'organisme, de transmettre les caractéristiques parentales. Turner rappelle que plusieurs explications, spéculations ou théories coexistent. L'une des plus célèbres, la pangenèse de Darwin (voir le chapitre précédent), comporte la formation de gemmules, à partir de chaque partie de l'organisme, qui s'agrègent dans les cellules reproductrices. Turner mentionne aussi la théorie de Galton, envisageant une ségrégation de germes exclusivement reproducteurs, ce qui exclut une transmission des modifications acquises par l'individu à sa descendance. Selon Turner, les idées du biologiste August Weismann (1834-1914) se rapprochent de celles de Galton mais, grâce à son style dialectique au vocabulaire et aux formulations bien plus conformes aux attentes des biologistes, elles sont beaucoup plus populaires et mieux comprises.

Comment une seule cellule peut-elle contenir toutes les tendances héréditaires d'un organisme entier ? Telle est la question fondamentale à laquelle Weismann s'attaque. Sa théorie de la continuité du plasma germinatif distingue deux types cellulaires, aux destinées bien différentes (reprenant ainsi le système de Galton). Deux populations de cellules existent : somatique (toutes les cellules sauf les cellules sexuelles) et germinale (les cellules sexuelles), ne pouvant s'influencer l'une l'autre. L'idée centrale de l'hérédité étant la permanence, la perpétuation du semblable, cela va forcément de pair avec celle de la variation, de la production du dissemblable. Mais comment ces variations peuvent-elles apparaître ? Encore une fois, Turner reprend les suggestions de Weismann qu'il considère comme ingénieuses : émission des noyaux haploïdes*, structure de la chromatine (ADN sous forme condensée qui constitue les chromosomes) et modifications des filaments des chromosomes, combinaisons de caractéristiques provenant de deux parents... Mais les questions d'hérédité ne peuvent être restreintes aux questions de production d'individus différents au sein d'une espèce donnée. Il est, depuis Darwin, aussi question des variations à l'échelle des individus et qui, suivant les avantages ou inconvénients qu'elles confèrent, sont transmises ou pas à la descendance et se répandent à l'échelle de l'espèce. Ainsi, selon Turner, la théorie darwinienne définit une hérédité modifiée et influencée par la variabilité. Turner discute ensuite les questions des malformations congénitales fréquemment observées (polydactylie des mains ou des pieds, daltonisme, fente palatine, bec-de-lièvre, enfin surdité et mutité) qui sont souvent héréditaires dans les familles mais surviennent aussi abruptement chez un enfant. Puis il aborde les maladies héréditaires, qui apparaissent plus ou moins tardivement dans la vie des individus, notamment la tuberculose, longtemps considérée comme héréditaire, alors qu'elle est décrite dorénavant comme une maladie infectieuse (même s'il existe des familles prédisposées à être sensibles et atteintes par le bacille). Ainsi, la goutte et les rhumatismes sont considérés par Turner comme étant fortement conditionnés par l'hérédité, alors que cela lui semble bien moins systématique pour le cancer. Il termine

* Noyau dont les chromosomes ne sont présents qu'en un seul exemplaire et non en deux, comme dans un noyau diploïde.

par la tendance hémorragique (maladie aujourd'hui appelée « hémophilie ») toujours transmise par les femmes, même si elles n'en sont, elles-mêmes, jamais affectées.

Turner s'attaque ensuite à la question de la transmission de caractéristiques acquises par un des parents à ses enfants ; question très débattue et dont il doit impérativement rendre compte dans ce discours. Tout d'abord, il entreprend de clarifier ce qui est généralement appelé « caractéristique acquise », car un des problèmes, selon lui, est que ce terme recouvre des significations très différentes... À la suite de Weismann, Turner distingue deux types de caractères parmi ceux apparaissant pour la première fois chez un individu, selon leurs origines. Les premiers, dus à des changements moléculaires dans les cellules germinales, de nature spontanée ou d'origine accidentelle (par effet des habitudes ou de l'environnement) sont appelés « blastogéniques » par Weismann et peuvent être transmis à la descendance. Les autres caractères sont dits « somatogéniques », car ils apparaissent dans le corps du parent par réaction du soma (l'organisme, mis à part les organes sexuels) à des influences externes et ne sont pas transmissibles à la descendance. C'est la question de la transmission, objet de vifs débats, que Turner présente alors, opposant Lamarck, Darwin et Spencer à Galton, Weismann ainsi qu'à Wallace. Il souligne qu'il se sent bien peu légitime d'apporter sa pierre à l'édifice, en regard de ces immenses savants, néanmoins il y consacre toute la fin de son discours, en discutant des cas d'animaux de ferme. Turner évoque alors le cas le plus remarquable à son avis, celui de la jument de Lord Morton. Les hypothèses parfois données d'explication par réversion lui semblent bien alambiquées, car les causes de l'apparition des rayures lui paraissent limpides. Il pense que la jument est capable, grâce aux échanges de matériau pendant la nutrition du fœtus, de transmettre des caractéristiques du quagga acquises précédemment. En effet, chez les mammifères placentaires, les échanges sont bidirectionnels de la mère au fœtus et vice versa. Il est très intéressant de noter ici que Turner renvoie à ses propres travaux, notamment d'anatomie comparée du placenta, comme l'avait fait Sir Everard Home, quelque soixante-dix ans auparavant (voir le chapitre 2). De nombreuses études de Turner ont été ainsi consacrées à la double nature du placenta, fœtale et maternelle, aux processus cellulaires de nutrition du fœtus, chez de nombreuses espèces[2]. Pour Turner, la lignée germinale de la jument a dû être modifiée au niveau d'ovules immatures, logés dans l'ovaire, par des éléments provenant du fœtus hybride quagga-jument. Turner considère la jument de Lord Morton comme une illustration de cellules germinales influencées par le soma et donc comme un cas très éclairant de transmission de caractères acquis. Ne pas considérer frontalement cette hypothèse de transmission de caractères acquis entraîne les biologistes à des circonvolutions et considérations complexes, afin d'expliquer l'évolution des espèces, leur diversité ainsi que l'adaptation des organismes aux différents climats. Si toutes les possibilités de variations sont incluses dans les cellules germinales primordiales, elles doivent avoir un potentiel de développement tout à fait extraordinaire. Au contraire, si ces cellules germinales peuvent, tout comme les cellules somatiques, être modifiées et que ces variations peuvent se transmettre de génération en génération, alors les mécanismes d'évolution et d'adaptation des espèces s'expliquent facilement.

À la lecture de Turner, la solidité du lien qu'il établit entre cette question fondamentale de la transmission des caractères acquis et l'anecdote de la jument de Lord Morton est clairement perceptible. Turner ne mentionne pas le terme d'« infection », il ne nomme pas précisément le phénomène. Il précise ainsi qu'il ne fait pas référence aux questions d'influence sur la descendance, des impressions faites sur les sens et les nerfs de la mère qui sont mentionnés dans le passage de la Genèse, mais plutôt à ce qui est un axiome pour les éleveurs de chevaux, à savoir qu'il ne faut aucun mélange avec une souche d'un autre sang.

Weismann et la télégonie

Le livre de Weismann sur la théorie du plasma germinatif, publié en allemand[3] en 1892 (en version anglaise dès 1893[4]), reprend un certain nombre d'idées déjà longuement exposées dans ses nombreux essais[5], notamment celles mentionnées par Turner dans son discours. Sa fameuse expérience sur des souris blanches dont il coupa la queue à chaque génération pour tester la théorie de l'hérédité des mutilations y est aussi présentée. À partir de sept femelles et cinq mâles, cinq générations sont étudiées avec, à chaque fois, privation artificielle de la queue des parents. Au total, 901 souriceaux sont examinés à la naissance. Ils présentent tous une queue de morphologie et de taille normales[6]. La théorie de la continuité de la lignée germinale y est exposée en détail avec arguments et expériences. Les cellules de la lignée germinale sont considérées comme à part dans l'organisme, servant exclusivement à produire les cellules reproductrices. En fin d'ouvrage, dans le chapitre intitulé « Phénomènes douteux d'hérédité », Weismann aborde les cas d'infection de la semence, qui correspond donc aux cas de modification de la semence de la femelle par ses partenaires. Weismann évoque des observations qui se rapportent aux phénomènes appelés « xénie » (effets du pollen sur les graines et les fruits) et à celui généralement connu sous le nom d'« infection du germe » qui lui semble encore plus incertain que les phénomènes de xénie. Il rebaptise ce phénomène « télégonie », associant deux mots grecs signifiant « à distance » et « génération ». Ce choix d'un terme grec est important. Dans un premier temps, nous pourrions penser que c'est pour lui donner une crédibilité scientifique en le mettant en miroir du terme *xenia*, grec lui aussi (signifiant « hospitalité ») donné par le botaniste Wilhelm Focke (1834-1922) en 1881, mais, à la réflexion, ce baptême scientifique permet d'envisager de le tester comme toute autre hypothèse ou théorie scientifique. Il entraîne une intégration aux processus contemporains de construction des savoirs et permet de le passer au nouveau crible de l'expérimentation. L'infection ne peut alors plus être considérée comme admise d'office mais prend un statut hypothétique. Weismann considère le cas de la jument de Lord Morton uniquement parce que Darwin l'a discuté. Il insiste fortement sur le fait que Darwin n'a pas observé personnellement les animaux – ce qui est cocasse car Weismann n'a même pas vu les gravures d'Agasse. Il se repose entièrement sur les analyses de Settegast, auquel il accorde une grande confiance. Weismann indique que, pour l'instant, aucune expérience n'a malheureusement été entreprise. Les jardins zoologiques lui semblent de bons lieux pour mener ce type d'expérimentation, les animaux pouvant y être isolés et surveillés pendant de longues périodes. Weismann prend le temps de décrire et de discuter le statut de preuve des peintures d'Agasse. Il trouve les rayures des poulains indistinctes et bien peu convaincantes. Pour lui, ces marques sont fréquentes chez les poulains de race pure et disparaissent le plus souvent quand ils grandissent. Néanmoins, il propose une explication compatible avec sa théorie du plasma germinatif: des spermatozoïdes ayant atteint l'ovaire lors de la première union sexuelle ont dû pénétrer dans certains ovules encore immatures, rejoignant ainsi une hypothèse déjà formulée par Miles, comme vu au chapitre précédent[7]. Comme la fertilisation de ces ovules immatures est impossible, le spermatozoïde doit rester dans l'ovule jusqu'à la pleine maturation de celui-ci; les noyaux s'unissant alors dans le processus d'amphimixie (fusion des gamètes). Cela doit pouvoir se produire après la naissance du premier descendant et, si cela coïncide avec un second coït, cela donne l'impression qu'il est responsable de cette fertilisation. Si l'on accepte ce processus d'infection comme un processus de fertilisation supplémentaire, il est raisonnable de supposer que des juments, vaches ou brebis soient gravides, sans avoir été couvertes une seconde fois, or cela n'a jamais été montré. Les explications de Darwin faisant appel à la pangenèse, même avec les modifications de Galton restreignant la circulation des gemmules sur une petite échelle et non pas de manière large, ne sont pas convaincantes aux yeux de Weismann car ce n'est pas cohérent avec la stricte séparation soma/germinal. Il affirme donc qu'il ne croit pas en l'infection du germe.

Le terme « télégonie » fut adopté très rapidement et les nombreuses expressions associées à l'histoire de la jument de Lord Morton disparurent à la même vitesse. Il ne fut plus question d'imagination maternelle, ni d'impression maternelle, ni d'influence du premier sire, ni d'infection de la semence, ni d'inoculation fœtale, ni de saturation, ni d'action directe de l'élément mâle sur la forme femelle mais uniquement de télégonie ou d'effet télégonique. La question devint alors de savoir comment et par quelles sortes d'expériences ces effets pourraient ou non être démontrés.

Concernant le phénomène de xénie, Weismann est assez concis et mentionne rapidement les travaux de Focke, les observations de Darwin ainsi que les travaux en cours du botaniste et généticien hollandais Hugo De Vries (1848-1935) qui devraient apporter des éléments de réponse. De fait, les débats furent assez brefs et modérés. Certainement, d'une part, parce que cela concernait les plantes, beaucoup moins palpitantes aux yeux de nombreux biologistes et médecins et, d'autre part, parce que des explications cohérentes furent assez rapidement données. La découverte de la double fécondation* en 1898, par le biologiste russe

* Chez les végétaux, il y a une double fécondation qui implique les deux noyaux contenus dans le grain de pollen. L'un d'entre eux fusionne avec le noyau de l'oosphère du gamète femelle pour donner l'embryon ; l'autre fusionne avec les deux noyaux polaires du gamète femelle pour former un tissu, l'albumen, qui sert à nourrir l'embryon et est donc un constituant de la graine.

Sergei Nawashin (1857-1930), et en 1899, par le botaniste et pharmacien Léon Guignard (1852-1928), permit de considérer que l'albumen aussi bien que l'embryon partageaient les caractères du parent mâle[8]. Ainsi, comme le rappelle le botaniste américain Orator Cook (1867-1949)[9], le phénomène de xénie qui semblait à une période rarissime dans la nature a ensuite été observé très fréquemment chez le maïs, puis dans la famille des Liliacées. Lorsque la double fécondation fut entérinée chez toutes les angiospermes, le mystère du processus de xénie se dissipa et il devint partie intégrante du processus normal de formation de la graine, comprenant la formation d'un tissu triploïde, l'albumen, formé par fusion de deux noyaux polaires (femelles) et d'un noyau spermatique (mâle)[10].

Controverse sur l'hérédité des caractères acquis

Contrairement à la xénie, la télégonie engendra de vastes débats et, s'ils ne durèrent pas trop longtemps (des années 1890 à 1910), ils furent intenses[11]. Les protagonistes les plus fameux furent bien sûr August Weismann mais aussi Herbert Spencer (1820-1903), philosophe et politicien anglais, et le biologiste britannique George Romanes (1848-1894). Ainsi, de nombreux articles, correspondances avec réponses associées furent publiés dans différents types de revues consultées par des chercheurs comme *Nature* ou *Science*, ou bien adressées aux éleveurs de chevaux ou encore destinées à un public plus large comme *The Contemporary Review*, revue généraliste britannique abordant aussi bien des aspects politiques, religieux que littéraires. C'est dans cette dernière que la controverse Weismann-Spencer démarra en 1893. Herbert Spencer[12] développait une philosophie synthétique rapprochant les sciences de la nature des sciences de l'Homme et s'appuyant sur une loi d'évolution, s'inscrivant ainsi dans le large courant du darwinisme social anglo-saxon de la fin du XIXe siècle[13]. Spencer est celui qui lança l'expression bien connue « *the survival of the fittest* », souvent traduite par « la survie du plus apte », pour qualifier l'effet de la sélection naturelle. L'évolution humaine, pour lui, ne devait pas être contrariée par des lois étatiques contraignantes, afin de laisser les plus aptes se révéler et se développer naturellement. Spencer réprouvait ainsi la charité faite aux pauvres, car elle favorisait, selon lui, le développement de populations misérables, à l'écart de la société respectable[14]. L'évolution, au long des générations, avait lieu, selon lui, par accumulation des progrès individuels et impliquait donc la transmission de caractères acquis au cours de l'existence par un individu à ses enfants.

Sur cette large question de l'hérédité des caractères acquis, Spencer affronta férocement Weismann et construisit sa théorie du plasma germinatif qui entraînait logiquement une non-transmission de ses caractères acquis. La question de la télégonie ne jouait pas un rôle mineur, loin de là, dans les argumentaires développés par Spencer. Dans un article de mars 1893 dans *The Contemporary Review*[15], il discute (sans utiliser le terme de « télégonie ») essentiellement le cas de la jument de Lord Morton en donnant une explication à l'objection la plus courante des contradicteurs. En effet, si le phénomène est avéré, pourquoi ne recense-t-on pas plus souvent des cas similaires d'influence du premier sire ? Pour Spencer, c'est indubitablement lié au fait que les constitutions les plus pures prédominent, dans leur descendance, par rapport aux constitutions plus mélangées. La stabilité des conditions de vie des espèces, comme dans le cas du quagga (avec un mode de vie constant pendant dix mille ans ou plus), donne une espèce très pure et harmonieuse. Celle-ci prédomine forcément sur celle de la jument arabe et de l'étalon noir, même s'ils proviennent de grandes lignées et d'élevages renommés. Ainsi, le plus souvent, l'effet du premier sire n'est pas perceptible, car les variétés croisées sont beaucoup plus mélangées, en raison de leurs modes de vie instables (alimentation, climat, zones géographiques). Au contraire, c'est ce déséquilibre de force, d'harmonie entre les parents, jument et quagga, qui permet de visualiser si clairement, dans les descendants de la jument, cette réapparition des traits du quagga et qui rend ce cas si frappant. Et donc, pour Spencer, ici les faits sont fatals à l'hypothèse de Weismann. Ils démontrent clairement qu'il n'y a pas d'indépendance des cellules reproductrices (dites « germinales ») mais que les deux types de cellules sont très proches et en communion. Pendant que les cellules reproductrices se multiplient, lors de la croissance de l'embryon, quelques-unes peuvent passer dans la masse des cellules somatiques de l'organisme parental et deviennent un composant permanent de celui-ci. Ce phénomène a lieu aussi à l'inverse ; certaines cellules somatiques rejoignent alors les cellules reproductrices. Une des conséquences de ces processus est l'hérédité des caractères acquis. Selon les analyses de Burkhardt, la réalité des effets télégoniques ainsi que leurs significations et apports à l'hérédité des caractères acquis étaient incontestables pour Spencer[16].

Dans le même ordre d'idées, de quête d'une plus grande visibilité de l'influence du premier sire sur les rejetons ultérieurs, Karl Pearson (1857-1936), statisticien, ami de Galton et grand contributeur au développement de la biométrie* et de la biostatistique, s'est intéressé à ces effets télégoniques chez les humains. Dans un article de 1896, il utilise des données de mesures de taille recueillies par ses soins sur plus

* La biométrie développée par Galton et Pearson repose sur le principe simple mais extrêmement puissant d'une approche quantitative du vivant dans toutes ses dimensions et des processus biologiques des organismes vivants. Toutes les sciences de la vie utilisent aujourd'hui des applications biométriques, que ce soit en agronomie, écologie, médecine ou génétique quantitative.

de 800 familles qu'il combine avec des données de Galton sur 200 familles, afin d'évaluer des corrélations entre les tailles des parents et des enfants, notamment entre enfants aînés et derniers-nés[17]. Il suppose un impact plus fort de la taille du père chez les derniers-nés, dû à un effet télégonique cumulatif. Ses analyses mathématiques le conduisent à conclure à une absence d'influence télégonique mais à une corrélation probable entre la fertilité et l'influence héréditaire des mères. Cette influence variant inversement à la fertilité. Ainsi les enfants premiers-nés présentent beaucoup plus de caractéristiques semblables à leur mère que les enfants derniers-nés. Bumpus, dans un article du journal *The American Naturalist* intitulé « Faits et théories de la télégonie », indique en 1899 que c'est la controverse alimentée par Spencer et Weismann qui a attiré l'attention sur la question de la télégonie[18]. Cette question n'était, jusqu'alors, que très peu envisagée par les biologistes, alors que c'était une croyance universellement répandue chez les éleveurs. Elle devint ainsi très pressante et des appels aux expériences, relais de l'appel de Weismann, se firent plus fréquents. Ces appels sont un changement très important par rapport à ce que nous avons vu jusqu'à présent. Jusqu'alors les examens minutieux de faits observés et collectés entraînaient des interprétations, hypothèses, propositions de mécanismes physiologiques et de théories permettant d'expliquer les faits. Partant d'une théorie, ici la télégonie, il devient primordial de la tester, par une expérience adéquate, afin de la valider ou non. Le cas du quagga n'est plus considéré comme un fait. C'est une observation qu'il faut, pour qu'elle soit validée, reproduire par une expérience dont les conditions sont contrôlées aussi bien par le matériel de départ, que la passation, et dont il faudra analyser finement les résultats selon des paramètres fixés à l'avance. Cette validation des faits par l'expérience constitue aujourd'hui un des incontournables de la méthode scientifique.

On peut, à la suite de Burkhardt qui les a répertoriés[19], indiquer les travaux de l'éleveur de chiens basset hound Everett Millais (1856-1897) et de Romanes, en 1895, comprenant environ cinquante expériences de télégonie avec des chiens, des canards, des poules et des pigeons. Tous leurs résultats furent négatifs. Mais les travaux les plus importants, qualifiés par Burkhardt de « plus grande étude expérimentale en sélection animale, menée en Angleterre jusque-là », furent très certainement ceux d'Ewart.

Les expériences de Penycuik

Le professeur d'histoire naturelle à l'université d'Édimbourg James Cossar Ewart (1851-1933) a lui-même pris en charge la lourde entreprise de résolution de l'énigme de la télégonie. Son ouvrage *The Penycuik Experiments*[20], paru en 1899, compile ses articles scientifiques sur le sujet, publiés dans des journaux comme *The Veterinarian* ou *The Zoologist*, entre 1895 et 1898. Comme Ewart l'indique dès l'introduction, c'est uniquement parce qu'il n'a eu aucune réponse à ses appels à participation à une répétition de l'expérience de Lord Morton, auprès d'organisations comme les sociétés de zoologie, qu'il s'est résolu, en 1894, à commencer à son propre compte « un certain nombre d'investigations portant plus ou moins directement sur la télégonie ». Ewart possédait une grande propriété champêtre au sud d'Édimbourg, à Penycuik précisément, tout à fait appropriée pour élever les chevaux et autres quadrupèdes nécessaires pour ses expériences. Ce lieu constitua ainsi l'un des tout premiers sites de ce qu'on appela, au début du XXe siècle, les « fermes expérimentales » ou « stations de génétique expérimentale[21] ». Ewart rebondissait en fait sur les propositions de Weismann qui préconisait de réaliser des expériences, similaires aux croisements de Lord Morton, dans des sociétés zoologiques. Ewart, regrettant que la Zoological

Society of London, société zoologique installée dans Regent's Park, ne se soit pas emparée de ces questions, suggérait qu'une station expérimentale soit créée en mémoire de Darwin.

Ewart avait un intérêt profond, de solides connaissances scientifiques et des années d'expérience pratique avec les chevaux ainsi que des relations importantes avec le milieu des éleveurs et sélectionneurs, atouts capitaux pour mener à bien son projet. Pour lui, la croyance en la télégonie est presque universellement répandue. S'il comprend bien pourquoi les éleveurs et sélectionneurs, avec une unanimité qu'il qualifie de « pénible », y ont recours afin d'expliquer des phénomènes obscurs et incompréhensibles à leurs yeux, il est beaucoup plus dubitatif sur la considération que les philosophes, les hommes de lettres, les médecins ainsi que les réformateurs sociaux et les politiciens accordent à cette hypothèse de l'infection du germe. Prenant des précautions, Ewart indique qu'il n'affirme pas que la télégonie est impossible ou que cela n'a jamais eu lieu, mais que, ce phénomène n'ayant jamais été reproduit expérimentalement, il lui apparaît comme extrêmement improbable. Dans tous les cas décortiqués, ainsi que dans ses propres expériences, le phénomène supposé d'infection peut, selon Ewart, être expliqué par l'hypothèse, relativement simple, de la réversion.

Même s'il mentionne et décrit succinctement les débats entre Weismann et Spencer, la question de la télégonie peut être, pour Ewart, résumée et incarnée complètement par le cas de la jument de Lord Morton. Il reconnaît trois origines à la croyance que les parents transmettent à leurs enfants des caractéristiques acquises durant leur vie : à partir du patriarche Jacob, du naturaliste Jean-Baptiste de Lamarck (1744-1829) ou de Lord Morton. Les ramifications et courants générés par ces trois origines sont selon lui trop peu caractérisés car non dénombrés systématiquement ni même nommés précisément. Pour les présenter, Ewart se réfère tout d'abord aux éleveurs écossais de la région d'Aberdeen qui répètent encore et encore les gestes de Jacob avec des rameaux écorchés de noisetier, de peuplier ou de châtaignier pour obtenir certains types de bétail à robes mouchetées. Il cite également les bergers qui considèrent qu'un seul mouton noir admis à l'automne dans un troupeau blanc (quelle que soit la qualité de son pedigree) entraînera un pourcentage important de moutons noirs à la génération suivante. Ewart mentionne qu'il ne saurait dire si cela résulte d'observations et de pratiques des éleveurs ou bien de leurs croyances et apprentissages de l'Ancien Testament. Concernant la deuxième origine, reprenant l'exemple de la girafe*, Ewart mentionne que, aussi incroyable que cela puisse paraître à certains, la théorie de Lamarck, plus ou moins modifiée est reprise par un certain nombre de biologistes en Europe et par un bien plus grand nombre en Amérique. Certains néo-lamarckiens croient que les améliorations acquises sont la conséquence de principes naturels ; ils sont, selon Ewart, prisonniers d'un cadre téléologique présent chez de nombreuses personnes étudiant la nature. Ceux-ci, de manière souvent inconsciente, croient qu'il existe un ordre dans l'univers et que la nature possède un principe d'intelligence. Cela n'est pas sans étonner ni consterner quelque peu Ewart.

La troisième origine, qu'il appelle la « branche mortonienne », remonte à l'origine des temps. Depuis toujours, les éleveurs ont cru non seulement à l'influence sur la descendance des impressions mentales mais aussi à l'influence du partenaire précédent. Ce que l'on appelait « infection du germe », qu'Ewart recommande fortement d'appeler dorénavant « télégonie », en suivant Weismann, a été considéré

* Cet exemple développé par Lamarck explique comment les espèces se modifient au cours du temps. La girafe vivant dans des zones arides doit brouter le feuillage des rares arbres pour subsister. Petit à petit, à force de s'étirer, ses pattes et son cou se sont allongés et ces caractéristiques acquises se sont transmises à ses descendants.

sérieusement par les physiologistes depuis le XVIIe siècle et pris en compte par les éleveurs et sélectionneurs de chevaux arabes. Des adeptes de cette hypothèse sont présents partout – des états sud-américains à certaines provinces turques – et de nombreux biologistes considèrent encore que l'infection du germe, prouvée par ladite expérience de Morton, pouvait avoir lieu au moins occasionnellement. C'est à cet aspect de la transmission des caractères acquis via la télégonie qu'Ewart veut se consacrer.

Tout d'abord, Ewart effectue en permanence des allers-retours entre des observations faites par lui-même sur ses propres animaux (chevaux et zèbres), dans le cadre de ses activités de naturaliste ou d'éleveur, ou faites par des éleveurs de son cercle de connaissances. Ceux-ci appartenaient souvent à la grande bourgeoisie mais il mentionne aussi des éleveurs écossais anonymes. Parmi les naturalistes, Darwin est l'une de ses références favorites, avec Galton et bien sûr Weismann. Les naturalistes et éleveurs continentaux ne sont pas absents, leurs arguments et leurs méthodes scientifiques sont souvent cités, notamment ceux de Settegast, de von Nathusius ; aucun d'entre eux n'a jamais reconnu le phénomène de télégonie.

Toutes ces références créent une conversation particulière, mêlant des connaissances de champs et de milieux professionnels qui peuvent nous apparaître comme très éloignés aujourd'hui, mais qui préfigure un dialogue entre sciences fondamentales et appliquées. La compréhension d'un mécanisme de reproduction est ici directement liée à ses conséquences pratiques. Ewart se soucie que les théories scientifiques puissent avoir des retombées concrètes pour les éleveurs. Il semble ainsi idéalement placé pour mener cette difficile entreprise, sinon en respectant les croyances et les préjugés, tout du moins en ne voulant pas heurter les éleveurs mais les guider vers des pratiques efficaces et rationnelles, en accord avec les idées scientifiques du moment.

Avant de présenter les résultats de ses propres expériences, Ewart discute le cas de la jument de Lord Morton, en se référant essentiellement aux analyses de Darwin, qu'il a du mal à remettre en cause, car il l'estime beaucoup. Cependant, selon ses examens personnels des tableaux d'Agasse, la pouliche, fille de l'étalon arabe et de la jument, a tout du cheval. Si elle possède beaucoup plus de rayures que l'hybride, fils du quagga et de la jument, sa crinière est peinte couchée sur un côté. Cela le perturbe car les deux arguments de Darwin, pour considérer que la jument a bien été infectée par le quagga, sont, d'une part, que les rayures sont exceptionnelles chez les chevaux arabes et, d'autre part, que la crinière de la pouliche était érigée. Les investigations menées par Ewart attestent que la présence des rayures n'est pas inhabituelle chez les chevaux arabes. La question de la crinière de la pouliche est, du coup, très préoccupante et cruciale pour lui car, si elle était érigée comme le prétend le garçon d'écurie de Sir Ouseley dans l'article de Lord Morton, l'infection serait avérée. Mais les preuves sont loin d'être satisfaisantes : sur les peintures, ni la crinière de la pouliche, ni même celle de l'hybride ne sont érigées, en revanche, elles penchent clairement sur le côté.

Ewart indique que Darwin a nuancé, quelques années avant sa mort, ses premières opinions sur ce phénomène d'infection du germe, considérant finalement que son occurrence devait somme toute être très faible. Ewart considère, pour sa part, que le premier sire ne peut pas provoquer de changements structuraux visibles sur les descendants ultérieurs conçus avec d'autres mâles. Il est néanmoins prêt à admettre que le premier pourrait éventuellement modifier en profondeur la constitution de la jument, entraînant une infection physiologique, ce qui pourrait, par exemple, conférer l'immunité à certaines maladies.

Hybridation entre un zèbre et des juments

Quand il est apparu évident à Ewart qu'il devait se charger de reproduire l'expérience de Lord Morton, début 1895, il acheta des animaux adaptés : deux femelles zèbres, des juments de tailles, couleurs et races différentes ; un étalon arabe et un beau zèbre de Burchell, nommé Matopo. Pendant un temps, le projet stagna, les tentatives de croisements entre les juments et le zèbre ne donnant aucun résultat. Puis, à l'été 1896, le 12 août précisément, un premier hybride (Romulus) naquit. Vinrent ensuite d'autres hybrides (Norette, Heckla, Remus, Brenda) issus de différentes juments, qui ne survécurent pas très longtemps, puis d'autres descendants équins des juments. Romulus est ainsi le poulain de Mulatto et Matopo. La ponette Mulatto appartient à une race de l'ouest des Highlands écossais particulièrement pure, selon Ewart, car en isolation quasi totale sur l'île de Rum avec introduction d'un seul couple fondateur en 1848. Elle représente donc un très bon substitut ou équivalent à la jument de Lord Morton, de race pure arabe alezane. À la naissance, les poulains sont souvent de couleur gris souris avec une pâle rayure dorsale. Leurs robes évoluent beaucoup au cours de leur vie, les adultes étant généralement brun foncé ou pratiquement noirs.

Matopo est un étalon zèbre de Burchell. Ewart explique qu'il pensait au départ qu'il existait trois types de zèbres, avec des caractéristiques bien distinctes, mais il s'est rendu compte que ce n'était pas le cas. Bien que des zèbres soient importés en Angleterre depuis plus de cent ans et que de nombreux ouvrages aient été écrits sur eux, Ewart ne trouvait pas de descriptions satisfaisantes indiquant la taille et le nombre de rayures de leurs robes ou de leur allure générale. Il s'est alors attelé à ces études sur le zèbre de Grévy*

* Grévy est ainsi nommé, car le premier spécimen connu en Europe moderne est celui envoyé par le roi Menelik d'Abyssinie en 1882 à M. Grévy, alors président de la République française.

(*Equus Grevyi*), de Shoa et Somaliland, le zèbre de montagne (*E. zebra*), en Afrique du Sud et appelé dans les ouvrages anciens tout simplement « zèbre » ou « zèbre commun », et enfin le très largement répandu zèbre de Burchell qui inclut en fait de nombreuses espèces, des sous-espèces et races, dont certaines sont aussi malheureusement appelées « quagga », à tort. Il s'est ainsi aperçu que ces trois types ne se distinguent pas de manière précise selon les marques et rayures de leurs robes. Le zèbre de Somalie ou de Grévy est vraiment différent des autres car fortement rayé et de taille bien plus grande. Ewart le considère comme étant le plus primitif. Il s'est ensuite rendu compte que les zèbres de montagne pouvaient avoir des caractéristiques proches de certains zèbres de Burchell, localisés dans le Nyassaland, en Afrique centrale. Finalement, Ewart considère qu'il existe un continuum de diversité entre le zèbre de montagne (avec des rayures jusqu'au bout des sabots et une croupe à motif serré de type gridiron) et le zèbre de Burchell ayant des pattes toutes blanches.

La préoccupation d'Ewart est d'expliquer la présence de rayures sur les robes des descendants de la jument de Lord Morton et de l'étalon arabe. Son argumentaire comprend deux grandes parties : l'une concernant la question des ancêtres et origines des chevaux, de l'aspect des robes et de la crinière, l'autre la question de la réversion : comment et pourquoi les rayures réapparaissent-elles parfois ? Les analyses des robes des zèbres sont complexes, chaque individu ayant un motif particulier de répartition de rayures qui ne sont pas, comme on pourrait le penser au premier abord, symétriques des deux côtés du corps. Selon Ewart, plus la consanguinité est forte, plus la symétrie est importante, alors que l'hybridation favorise l'asymétrie : les races pures manifestent ainsi une symétrie quasi parfaite. Ewart a mené des analyses à partir de nombreux paramètres – espèces de quadrupèdes (chevaux, zèbres, mules, bétail) provenant de zones géographiques différentes, effets des variations saisonnières pendant les stades de développement, utilité physiologique ou éthologique des rayures, liens possibles avec les mécanismes de sélection naturelle – qui le conduisent à la conclusion que les ancêtres des chevaux devaient être de couleur brun-jaunâtre, rayés avec un arrangement similaire aux rayures du zèbre commun ou zèbre de montagne, plutôt qu'à celui de Burchell.

Quant à la question de la réversion et de la possibilité d'expliquer ainsi l'apparition des rayures chez les poulains, Ewart la décortique en analysant des croisements. Ainsi, des observations fournies par un éleveur et poète, Wilfrid Blunt (1840-1922), concernant dix poulains obtenus à partir de juments pur-sang arabes et d'un étalon alezan avec des jambes blanches le confortent dans ses conclusions : les rayures apparaissent d'autant plus fréquemment chez les poulains que leurs parents sont de couleur claire. Ces rayures disparaissent complètement dès la deuxième année (sinon la troisième, dans de très rares cas). Ce phénomène de rayures transitoires chez le poulain a déjà été abondamment répertorié par Darwin. Ewart se demande alors si les poulains qui naissent unis ne seraient pas rayés pendant leur gestation. Il analyse une série de fœtus équins de trois semaines à dix mois, provenant de sa collection personnelle, et en conclut qu'aucun fœtus ne présente de rayures. En conclusion, Ewart énonce les propositions suivantes : des parents sans rayures peuvent avoir des descendants plus ou moins rayés ; tous les poulains ne passent pas par un stade rayé pendant leur développement *in utero* ; les poulains perdent la plus grande partie de leurs rayures assez rapidement après leur naissance ; même si un des parents est complètement rayé, les descendants peuvent présenter des rayures faiblardes, voire anecdotiques. Ainsi, la question fondamentale, en lien avec la télégonie, est alors posée : est-ce que les rayures que l'on observe si souvent sur les poulains pourraient être dues à ces phénomènes de réversion ? Pour lui, une réponse directe n'est pas possible mais l'argumentation selon la méthode déductive permet d'obtenir une réponse satisfaisante. Ewart suppose tout d'abord que la réversion s'opère chez les pigeons, notamment dans le cas de croisements hybrides où des caractères absents chez les parents apparaissent chez les descendants. Des cas similaires ont été observés chez les chevaux, notamment en Amérique du Sud. Ensuite, Ewart discute des cas d'hybrides chez les équidés, à commencer par celui de Lord Morton. En effet, cet hybride, qui n'était que faiblement rayé, présentait des barres transversales sur les jambes ; barres qui n'étaient présentes chez aucun des deux parents. Ewart étudie aussi les rayures de son hybride Romulus qui diffèrent grandement du motif des rayures de son père Matopo. Il affirme que, si toutes ces marques ne sont pas dues à une réversion, à une restauration de forme que les chevaux et les zèbres ont dû présenter à une étape de leur évolution, alors la seule explication probable, c'est une forme brusque de variation. L'évolution des motifs de rayures chez les équidés a sans doute perduré pendant des siècles. L'hypothèse de variations discontinues est considérée par Ewart à la lumière des travaux de William Bateson (1861-1926) sur des variations biologiques et leurs rôles dans les mécanismes évolutifs. Celui-ci participa à l'introduction de la nouvelle terminologie mendélienne, forgeant notamment le terme de « génétique ». Bateson considérait que la notion de réversion était trop fréquemment utilisée, alors que, le plus souvent, après examen approfondi, le phénomène de variation expliquait les faits de manière satisfaisante[22]. Ewart passe alors, de nouveau, en revue les formes et aspects des rayures observées dans différents cas d'étude. Il conclut que les marques observées, notamment chez Romulus, correspondent bien à des marques ancestrales, notant qu'il serait tout de même curieux que des marques apparues à la suite de variations soient similaires à celles observées chez des ancêtres des chevaux. Par conséquent, concernant la télégonie, la question se complique si l'on admet que les ancêtres des chevaux étaient rayés et que, par le phénomène de réversion, des chevaux portent parfois des robes ancestrales avec rayures.

Comment démontrer alors l'effet télégonique ? Quelles caractéristiques devrait présenter le deuxième poulain de Mulatto pour prouver cet effet ? Est-ce que le poulain télégonique devrait ressembler à Matopo ou à un des ancêtres de Mulatto ou Matopo ? La réponse est complexe. Ewart pense ici qu'il est nécessaire d'examiner les processus présupposés d'infection avec les mécanismes physiologiques impliqués, car le résultat dépend du mode d'infection. Ewart passe très rapidement sur les processus physiologiques proposés par Home (connexion nerveuse mère-enfant) et par Spencer (pangenèse), qu'il ne considère pas comme suffisamment solides par rapport au mécanisme proposé par Weismann. Pour rappel, des cellules germinales du premier sire, ayant pénétré certains ovules immatures, pourraient exercer leur influence sur la future descendance d'un second sire. Le deuxième poulain devrait donc ressembler au premier. Dans le cas de Mulatto, Ewart s'attend à ce que son deuxième poulain ressemble à Romulus. Or Romulus ne ressemble que peu à son père. Ewart a déjà exposé longuement ses raisons de penser que Romulus a des caractéristiques du zèbre de Somalie, le plus primitif de tous les chevaux rayés. Ainsi, si le deuxième poulain de Mulatto possède des rayures, elles devraient être similaires à celles de Romulus ou à celles des zèbres de Somalie ou encore à celles des ancêtres de Mulatto. En d'autres mots, pour Ewart, le résultat de la supposée infection, selon le mécanisme le plus probable envisagé par Weismann, sera identique à celui que l'on attend selon le mécanisme de réversion. Ainsi, quelles caractéristiques de ce poulain permettraient d'infirmer ou d'affirmer l'hypothèse de la télégonie ? Le deuxième poulain de Mulatto, né le

16 juillet 1897, a pour père un étalon arabe gris. Une demi-heure après sa naissance, la robe du poulain, au champ en plein soleil, semble tout à fait unie. Cependant, dans une lumière plus favorable, de nombreuses rayures sont révélées. La robe étant baie sombre et, par endroits, pratiquement brun foncé, la plupart des rayures, d'un ton plus sombre, sont difficilement visibles et impossibles à photographier. Ces rayures sont de type stries ou sillons profonds. Certaines ne sont pas inhabituelles chez les chevaux mais d'autres, plus distinctives, c'est-à-dire les rayures de la croupe, sont extrêmement rares. Alors que certaines s'expliquent simplement par les processus de réversion, ce n'est sûrement pas le cas des autres. Les caractéristiques restantes (crinière, couleur des yeux et forme des cils) sont de type parental classique. En fait, ce poulain ne présente quasiment aucune des rayures les plus fréquentes chez les chevaux. Ainsi, toutes celles observées chez les poulains de la jument de Lord Morton, et qu'Ewart considère comme provenant de l'étalon arabe noir, ne sont pas présentes chez ce poulain. Ewart indique que c'est en fait leur absence qui pourrait être considérée comme preuve d'infection. Malheureusement, alors que le poulain était en pleine croissance et que les rayures commençaient à s'atténuer franchement, il mourut. La conclusion de *The Penycuik Experiments* est alors déconcertante. Après autant d'argumentaires et de rigueur dans l'exposition des faits, Ewart rechigne-t-il à trancher officiellement ? Utilise-t-il seulement des précautions de rigueur ? Le dernier paragraphe de son ouvrage indique : « En concluant cette contribution sur un sujet difficile et complexe, je n'ai pas besoin de souligner qu'il serait prématuré d'arriver à une conclusion quant à l'existence de l'infection du germe ni de présenter des excuses pour les résultats obtenus et présentés ici[23]. »

Dans une communication à la Royal Society publiée en 1899, les conclusions d'Ewart sont bien plus claires, concises et directes: la série d'expériences qu'il a menées n'apporte aucun support en faveur de l'existence d'un processus tel que la télégonie[24]. De plus, les incohérences entre le texte de Morton et les peintures d'Agasse ne permettent pas d'être convaincu par le cas du quagga. Ainsi, Mulatto et Matopo ont engendré un hybride plus rayé que Matopo. La jument Mulatto a eu un autre poulain avec un étalon arabe, rayé à la naissance mais de manière peu visible. Un autre poulain de Mulatto avec un étalon nommé Loch Corie présente, lui aussi, quelques rayures. Les apparences de ses deuxième et troisième poulains pourraient donner du crédit à la télégonie mais d'autres expériences changent la donne. Deux juments, similaires à Mulatto, mais qui n'ont jamais été en contact avec un zèbre, obtiennent de Loch Corie des poulains avec rayures. Ewart indique pour conclure que ses propres expériences soutiennent les points de vue des sélectionneurs continentaux, très expérimentés, qui considèrent que la télégonie n'existe pas (ou est exceptionnellement rare). Finalement, Ewart explique qu'un autre argument en faveur de la réversion est qu'elle lui apparaît plus simple et plus en accord avec les faits établis, suivant le principe de parcimonie*, auquel Weismann se réfère également dans ses argumentations.

Concernant la transmission de caractères acquis, Ewart rappelle que la plupart des naturalistes de la génération précédente y adhéraient pleinement. Néanmoins, grâce aux travaux du professeur Weismann, il apparaît évident que les explications sont à chercher du côté des variations et de la sélection puisque, dans chaque cellule d'un embryon, les deux parents sont représentés; l'un formant la chaîne et l'autre la trame... En conclusion, Ewart affirme que,

* Le principe de parcimonie ou le principe d'économie d'hypothèses consiste à privilégier les explications ou théories qui font intervenir le plus petit nombre d'hypothèses.

considérant tous ces processus d'hérédité (que ce soit la télégonie, la saturation, l'influence des impressions mentales, la transmission des caractères acquis, l'influence relative de chacun des parents), toutes les convictions des éleveurs et des amateurs reposent sur des châteaux de sable. Cela est en accord avec ce qu'il appelle l'« esprit de médiévalisme », extrêmement répandu selon lui en Angleterre où l'application des méthodes scientifiques est très peu envisagée. L'attitude des Anglais concernant la science est incompréhensible pour les continentaux et particulièrement en Allemagne. Ewart conclut sur un plaidoyer en faveur d'une connaissance populaire des théories scientifiques et de l'adoption de méthodes rationnelles et systématiques par les éleveurs anglais d'amélioration des espèces.

Réception des travaux d'Ewart

En France aussi les scientifiques considèrent la télégonie comme une croyance assez répandue chez les éleveurs de chevaux, de chiens, de volaille[25], par exemple dans la revue française *Recueil de médecine vétérinaire* en 1895[26]. Chez les biologistes, les opinions sont partagées. Dans son ouvrage *Évolution individuelle et hérédité*, le biologiste français Félix Le Dantec (1869-1917) présente la télégonie comme une évidence qui s'explique très simplement avec les mêmes mécanismes biologiques que pour l'immunité et l'hérédité des caractères acquis, c'est-à-dire par des mécanismes de communication entre la mère et son fœtus[27]. Pour lui, l'influence ne provient pas seulement du premier mâle mais de tous les mâles ayant fécondé la femelle.

Le zoologiste Yves Delage (1854-1920) présente un avis argumenté opposé sur la télégonie dans une synthèse sur l'hérédité des caractères acquis dans la revue *L'Année biologique*[28]. Si Delage indique tout d'abord qu'il n'y a point eu, cette année-là, de travaux de premier ordre relatifs aux explications de l'hérédité, il présente néanmoins une étude de De Vries, redécouvreur des lois de Mendel, remarquable à ses yeux, sur les transmissions de caractères élémentaires*. Juste en dessous, un paragraphe est consacré à la télégonie, objet de vives controverses selon Delage, mais qui va bientôt être récusée car les cas qui la soutiennent sont expliqués scientifiquement par la réversion, comme dans les travaux expérimentaux d'Ewart, « une expérience comparable au cas célèbre de la jument de Lord Morton en l'expliquant par la réversion. Celle-ci est prouvée par le fait que l'étalon, père des poulains soi-disant télégoniques, avait antérieurement produit des poulains plus ou moins rayés avec une jument qui n'avait jamais été saillie par un zèbre ». Enfin, Delage mentionne les expériences de mademoiselle Barthelet, biologiste au laboratoire de zoologie de l'université de Nancy, démontrant l'absence d'influence télégonique de la souris blanche sur la souris grise.

Tout comme Delage, Étienne Rabaud (1868-1956), médecin et biologiste français, adopte un point de vue tout à fait défavorable concernant la télégonie[29]. Cela est plus surprenant car Rabaud est considéré, aujourd'hui, par les historiens comme un des scientifiques hostiles au développement de la génétique et plus précisément du mendélisme, notamment par son mépris des travaux du généticien Thomas Morgan (1866-1945)[30]. Rabaud rappelle l'importance de tirer au clair l'existence des effets télégoniques au moment où l'eugénisme prend son essor. L'amélioration efficace de la race humaine ne pouvant se faire qu'à condition que les mécanismes d'hérédité soient parfaitement maîtrisés par les scientifiques. Ses arguments principaux contre la télégonie sont l'absence de crédibilité que l'on peut accorder aux faits

* De Vries retrouve en fait ici les proportions déjà énoncées par Mendel, elles le seront aussi peu après par Carl Correns et par Erich von Tschermak-Seysenegg qui, lui, avait connaissance des travaux de Mendel.

censés prouver la télégonie, notamment le cas du quagga ainsi que toutes les histoires des éleveurs. Les processus de réversion, la superfétation* chez certaines espèces lui apparaissent comme des hypothèses bien plus crédibles. Il complète son argumentaire avec des expériences réalisées par d'autres biologistes, notamment celles de mademoiselle Barthelet, puis ses propres expériences sur des souris. Ses interprétations des résultats sont sans appel : la télégonie n'est pas une modalité d'hérédité, il n'y a pas d'autres progéniteurs que les deux parents fournisseurs de gamètes. S'il y a une autre influence à considérer sur les caractéristiques de l'embryon, c'est celle continue de l'environnement sur les organismes.

Les résultats des expériences d'Ewart étaient attendus avec impatience aux États-Unis, comme l'annonçait un article du *New York Times*, en avril 1898, ils allaient permettre de résoudre l'un des problèmes les plus épineux de la biologie, faisant référence à l'inoubliable controverse entre le professeur Weismann et Spencer, sur l'hérédité des caractères acquis et l'insuffisance de la sélection naturelle[31]. Dès mai 1899, une revue des travaux d'Ewart, publiée dans *The American Naturalist*[32], indique qu'alors que la jument de Lord Morton a, depuis près de quatre-vingts ans, défrayé la chronique de la littérature de biologie spéculative, elle mérite maintenant un bon repos. C'est Ewart qui le lui offre grâce aux expériences de télégonie réalisées dans sa ferme de Penycuik.

Néanmoins, en mars 1901, une autre revue des travaux d'Ewart paraît dans le journal américain *Science*[33]. Rédigée par Theodore Cockerell (1866-1948), zoologiste américain, elle pointe que l'établissement par Ewart d'une ferme expérimentale consacrée aux problèmes d'évolution est tout à fait dans l'air du temps. Cockerell fait un parallèle avec les

---

* La superfétation est l'implantation d'une nouvelle grossesse dans un utérus qui en contient déjà une. Extrêmement rare chez la plupart des mammifères, l'occurrence est plus grande chez le lièvre.

travaux de Morgan à l'université Columbia sur les drosophiles (mouches du vinaigre) qui ont lancé la science de la génétique en démontrant que les gènes étaient localisés sur les chromosomes. Qu'en est-il alors de la télégonie ? Le professeur Ewart lui a donné sa chance, ne l'a pas ridiculisé dès le début mais a démontré clairement au travers de ses expériences que le phénomène ne se produisait pas.

Puis, en 1902, un autre article paraît dans *Science*[34], rédigé par Charles Whitman (1842-1910), zoologiste américain, fondateur du Laboratoire de biologie marine (Marine Biological Laboratory, MBL – Woods Hole, Massachusetts), une institution scientifique américaine encore très influente aujourd'hui. Whitman discute des limitations des laboratoires actuels de biologie, qui travaillent presque exclusivement avec du matériel biologique mort pour les études descriptives d'anatomie. Selon lui, c'est un problème, en particulier si l'on veut s'attaquer aux questionnements fondamentaux de l'hérédité (variation, adaptation et évolution). Ces recherches nécessitent des études sur des temps longs sans interruption, et dans des lieux où les organismes, choisis pour ces études, peuvent vivre dans leur milieu naturel, que ce soit une prairie, une mare, une mer, une île... Whitman indique dans cet article que cette nécessité de fermes de recherches biologiques a été rappelée dans tous les meetings annuels du MBL depuis 1892, mais aussi réclamée depuis l'époque de Darwin, par des évolutionnistes aussi renommés que Romanes, Galton et Weismann. Le seul qui jusqu'à présent s'est lancé dans ce type de projet est Ewart, illustrant brillamment l'apport d'une ferme dédiée à la recherche expérimentale pour la résolution de problèmes d'hérédité comme la télégonie, la réversion, la consanguinité ou encore la dominance. Un des points de Whitman, c'est que ce lieu doit être à l'écart du public, pour respecter les modes de vie naturels des organismes et observer des comportements sans interférences. Il souhaite certainement se démarquer de Weismann, qui était partisan de l'expérimentation dans les zoos, détenus par de puissantes sociétés zoologiques mais qui, selon Whitman, ont des intérêts variés et ne sont pas assez concentrées sur la recherche. Ce qu'évoque Whitman dans cet article s'inscrit dans un courant profond en sciences biologiques, que l'historien William Coleman (1934-1988) a étudié et évoque en employant le terme d'« idéal expérimental ». Ce courant a pris un essor considérable à la fin du XIXe siècle[35].

Les travaux d'Ewart semblent donc rapidement connus et acceptés aux États-Unis, sonnant le glas de la télégonie. Néanmoins, en 1909, un article intitulé « Telegony as Induced Reversion » est encore publié dans *Science*[36]. Son auteur, Orator Cook, considère qu'avant de rejeter la télégonie au rang de mythe, il faut creuser encore les cas de réversion et les paramètres internes et externes qui affectent la transmission des caractères. Cook, dans cet article, est sévère avec l'approche statistique de Pearson mais aussi avec le livre de Morgan, *Experimental Zoology*[37], qui condamne la crédulité de ceux qui n'ont pas été formés aux valeurs de la preuve et, par conséquent, considèrent la télégonie comme vraie. Pearson fait une toute petite réponse à Cook dans le journal en indiquant que ce dernier ne s'est visiblement même pas donné la peine de consulter les résultats de son étude sur les différences de niveaux de ressemblances paternelles et maternelles entre enfants aîné et cadet (résultats qui démontrent bien l'absence d'effets télégoniques, présentés plus haut)[38] et qu'il fait partie des biologistes encore trop réticents envers la biométrie, en général car ils ne comprennent pas les approches statistiques.

Selon Cook[39], la possibilité de relier la télégonie à d'autres formes induites de réversion ne remettait pas en cause la preuve que les réversions sont induites par des hybridations antérieures. Les faits peuvent établir des théories mais les théories n'établissent pas les faits, même si elles conduisent à d'autres observations. Si suffisamment de réversions du même type sont mises en évidence sans hybridations antérieures, il serait alors raisonnable de considérer tous les cas allégués de télégonie comme des coïncidences. Cook argumente la nécessité de chercher d'autres explications en indiquant : « Nous ne devons pas nous sentir obligés de discréditer des faits comme ceux rassemblés par Darwin et d'autres étudiants de l'hérédité seulement parce qu'une théorie erronée suggéra la télégonie[40]. »

Enfin, un indicateur intéressant de la diffusion dans les milieux professionnels des éleveurs est trouvé dans le rapport annuel de l'American Breeder Association de 1909[41]. Une liste des différentes règles énoncées dans les registres généalogiques ou livres d'origine, notamment d'éleveurs de moutons, pour éviter les effets télégoniques lors des croisements et bannir l'inscription des femelles imprégnées et de leur descendance dans les registres officiels, est présentée. Elle indique que toutes ces règles n'ont plus aucun sens et doivent être abolies, puisque l'on sait dorénavant que ces cas correspondaient à des situations d'impuretés des lignées concernées et donc à des cas de réversion.

Des explications scientifiques viendront éclairer les éleveurs et les engager à suivre les règles de la science moderne de la génétique, alors en plein essor aux États-Unis. Ainsi, en 1913, un article de Raymond Pearl, agronome américain, dans *Science* intitulé « Génétique et élevage » présente les apports de la nouvelle science de la génétique aux éleveurs[42]. « Tout d'abord, une libération des influences sinistres de la télégonie, de l'imagination maternelle et autres absurdités… » Ensuite, les lois mendéliennes de ségrégation et de recombinaison* des caractères fonctionnant dans un grand nombre de cas, l'éleveur peut dorénavant interpréter et évaluer les

* Les lois mendéliennes de ségrégation et de recombinaison permettent de comprendre mais aussi de prédire les caractères présents chez les descendants de croisements d'individus organisés par les éleveurs. La ségrégation des caractères est la capacité à découpler deux caractères présents ensemble chez un des parents et dont un seul se retrouvera chez un descendant.

résultats obtenus lors de certains croisements et adapter en conséquence les suivants. Pearl y voit là une contribution forte de la science fondamentale, porteuse de changements des pratiques.

Pour revenir au Royaume-Uni, un échange de lettres dans *Nature*[43] de septembre 1910 est très significatif pour apprécier l'état de la question de la télégonie. En effet, James Wilson du Royal College of Science de Dublin, y publie « L'hybride du quagga de Lord Morton et l'origine des chevaux à robe Isabelle ». C'est la première fois qu'il est question du cas du quagga de Lord Morton sans aucune association avec la question de l'imagination maternelle ou de la télégonie ; un signe que la question est réglée. Le cas y est considéré dans le cadre de l'origine des chevaux, des questions d'hérédité des couleurs et marques des robes. L'attention est ainsi transférée sur l'hybride issu du quagga et non plus sur les poulains issus de l'étalon noir. En effet, ce qui préoccupe Wilson, c'est la nature de cet hybride. Selon ses observations des portraits visibles au Royal College of Surgeons, à Londres, l'hybride est de robe baie avec des paturons (partie basse de la jambe) noirs, comme cela est fréquent chez les animaux bais. Or, selon Wilson, « alezan » correspond à un type de couleur de robe toujours récessif et ne présente jamais de paturons noirs. Comment la jument alezane a-t-elle donc pu produire un poulain bai, issu d'un croisement avec un quagga à pattes blanches ? Le deuxième problème soulevé par Wilson concerne le type de robe isabelle qu'il ne pense pas pouvoir être obtenu par réversion. Ses études publiées par la Royal Dublin Society démontrent que le type isabelle est dominant devant les types alezan, noir, bai, et récessif seulement par rapport au type gris[44]. Ainsi, un poulain isabelle ne peut être obtenu que si un de ses parents est isabelle ou gris. La réponse d'Ewart, publiée sur la même page, est très apaisée : l'hybride représenté sur le tableau d'Agasse est de type bai, ou plutôt de type bai isabelle, ainsi qu'on peut le déduire du texte de Lord Morton, pointant que l'apparence de l'hybride est bien représentative de son origine mixte. Pour Ewart, il n'est absolument pas surprenant qu'une jument alezane produise avec un quagga un poulain bai ou bai isabelle. Ensuite, il rappelle que l'on peut distinguer deux types de robe isabelle : celui sans raie de mulet*, qui effectivement ne s'obtient que par réversion à partir de parents gris, et celui avec raie de mulet qui peut apparaître par réversion. Cette complexité des robes isabelle est encore présente aujourd'hui. En effet, dans les milieux équestres français, le type isabelle désigne trois types différents de robes.

La réponse de Wilson, publiée dans *Nature* dès le mois suivant, raconte que, après avoir été reçu par Ewart qui lui a fait visiter ses étables, ils ont examiné ensemble des peaux d'hybrides chevaux-zèbres identiques en couleur de robe à celles de leurs mères[45]. Néanmoins, Wilson campe sur ses positions et ne peut admettre qu'une jument alezane puisse produire un poulain avec des paturons noirs. Ensuite, il revient sur son second point, la robe isabelle et le mécanisme de réversion. Wilson appuie son argumentaire sur un tableau de croisement, dans le style mendélien : le type isabelle est récessif par rapport au gris mais dominant par rapport à tous les autres. Sur deux cents croisements, il indique avoir observé cependant quelques exceptions, notamment quatre cas où un poulain Isabelle n'a aucun parent gris ou isabelle.

En 1927, dans *Nature*, un entrefilet rapporte que, selon les travaux de Wilson, le quagga de Lord Morton ne serait pas le père de l'hybride avec la jument[46]. En effet, celle-ci était alezane et ne pouvait donc produire qu'un poulain bai avec un père bai, isabelle ou gris, Ewart ayant montré que chez les hybrides les couleurs du cheval sont toujours

* La raie de mulet est une bande de poils plus foncée que la robe de base, elle est située le long de la ligne du dessus du dos.

dominantes sur celles du zèbre. De quoi conclure : « Ainsi toute évidence de télégonie s'évanouit... » C'est en effet la dernière fois que la télégonie est l'objet d'un article scientifique dans le journal *Nature* (à l'exception d'un article d'anatomie de 1959, voir le chapitre suivant). La télégonie sera bien entendu mentionnée dans la notice nécrologique d'Ewart[47] parue en 1934 dans *Nature*, notice très similaire à celle publiée par la Royal Society en 1933[48] : membre de la Royal Society depuis 1893, Ewart a été récompensé en 1898 par The Neill Medal, prix de la Royal Society d'Édimbourg pour ses travaux sur la télégonie[49]. Il est noté que, depuis Darwin, personne au Royaume-Uni n'a consacré autant d'énergie à ce type de travail expérimental, avec beaucoup de patience et de clairvoyance, ne comptant ni son temps, ni son argent. Ewart ayant réalisé ses travaux avant la redécouverte des lois de Mendel, c'est donc avec ses propres méthodes qu'il a su conduire avec succès de nombreuses investigations sur la consanguinité, la réversion, en travaillant avec des chevaux de différentes races et lignées et d'autres variétés d'animaux domestiques. Ewart est aussi présenté comme ayant pleinement compris le potentiel économique de ses travaux ; un fervent enthousiaste de l'application des méthodes scientifiques pour une reproduction efficace, utile à l'industrie des éleveurs.

Disparition de la télégonie

Les travaux d'Ewart annoncés dès 1898 dans la presse généraliste et dans les milieux scientifiques ont été suivis de près. Les résultats ont été très rapidement diffusés, discutés et acceptés, que ce soit au Royaume-Uni, aux États-Unis et même en France, où la génétique est réputée pour avoir été introduite et enseignée tardivement. Ce sont bien ses travaux qui discréditent et éteignent la controverse sur la télégonie. Cette segmentation selon trois pays de l'étude de la réception des travaux d'Ewart permet de montrer certes des distinctions culturelles et des particularités locales, mais surtout l'internationalisation de la science avec la diffusion de journaux, comme *Nature* et *Science*, lus des deux côtés de l'Atlantique. L'intensité et la rapidité de ce phénomène et des communications ne sont pas évidentes à apprécier. Difficile de quantifier précisément, car, entre les trois champs (histoire naturelle, médecine et élevage), il existe des points d'échange, une porosité déjà présente. Il faut néanmoins souligner que le mouvement de fond de séparation de ces trois champs allant vers une spécialisation est perceptible et va de pair avec une internationalisation de la science. La période de la télégonie a été très courte, de 1892 à 1898. La disparition de cette théorie et de celle de la transmission des caractères acquis a accompagné le développement du mendélisme. L'article d'Herbert Webber (1865-1946), physiologiste et généticien des plantes américain, intitulé « The Effect of Research in Genetics on the Art of Breeding », paru en 1912 dans *Science* traite des impacts de la génétique sur l'art des croisements en sélection animale[50]. Selon l'auteur, des méthodes de sélection se sont développées, depuis 1890, de manière scientifique et ont fait un grand bond avec le recours au système des lois de Mendel. Webber rappelle que, dans les années 1890, les principes de croisement et de sélection provenaient essentiellement des articles physiologiques de Knight, des ouvrages de Darwin, d'une brochure du botaniste Bernard Verlot (1836-1897) intitulée « Production et fixation des variétés de plantes ornementales », des travaux de Focke ou encore de ceux du naturaliste français Charles Naudin (1815-1899). Les travaux du moine naturaliste Gregor Mendel (1822-1884) et de ses successeurs avec le principe de la ségrégation ont permis de clarifier et de révolutionner les pratiques de croisements des éleveurs, leur donnant des guides et des principes à suivre pour obtenir des résultats reproductibles. Une espèce, une race ou une variété ne sont plus considérées comme un ensemble de caractères fixés. Pour Webber, suivant Hugo De Vries, une espèce est constituée d'un certain nombre de caractères, associés par les hasards de l'évolution et des croisements, pouvant être séparés lors de leur transmission à la descendance.

Cette vision de l'amélioration des organismes, nourrie par les connaissances scientifiques concernant la génétique, les définitions des espèces, de leurs relations et de leur évolution, est partagée largement[51]. Des histoires du développement de la génétique mendélienne documentent ces premiers pas aux États-Unis, abordant différentes perspectives, notamment celles de la structuration de la génétique comme nouvelle discipline biologique, des problèmes de recherche fondamentale, de l'amélioration variétale (production de nouvelles variétés animales ou végétales par sélection artificielle) ou encore de l'eugénisme[52].

Relations généalogiques et classification des équidés

Les références à Lord Morton, puis celles à la télégonie disparaissent; le quagga reste. Quand il est mentionné, c'est comme une curiosité empaillée, au fond d'un placard de muséum. Un zèbre parmi d'autres? Pas tout à fait. Pour certains auteurs, c'est plutôt un quagga parmi d'autres. Par exemple, le zoologiste anglais Reginald Pocock (1863-1947) intitule son article de 1903 « La coloration des quaggas », indiquant qu'il préfère nommer « quagga » tous les zèbres de type Burchell comprenant les zèbres de Grant, de Crawshaw, de Selous, de Chapman, de Burchell et le quagga, chacun localisé dans un territoire africain spécifique[53]. Ce qui est intéressant, pour lui, c'est la corrélation entre les variations de rayures et de robes, et la localisation géographique nord-sud. Ainsi, les quaggas les plus richement rayés sont recensés dans le nord de l'Afrique, alors que les plus faiblement rayés, comme le quagga et le Gray quagga, se situent dans le sud de l'Afrique. Pocock interprète cela comme une adaptation à une végétation de plus en plus désertique vers le sud pour permettre aux animaux d'être moins visibles, de se camoufler. En effet, les zèbres se distinguent très peu dans trois situations identifiées, que Pocock rappelle ici : à midi, au loin, dans des plaines dégagées ; à proximité, à la tombée de la nuit et au clair de lune ; sous couvert des broussailles hautes. Plusieurs facteurs sont impliqués dans la qualité du camouflage, comme les rayures blanches qui se confondent avec les rayons de lumière au travers des feuillages ou qui, sous une faible luminosité, fusionnent pour donner une robe grise, ou encore l'aspect irrégulier de la robe due à l'alternance des couleurs noire et blanche... Ici, Pocock s'appuie sur des travaux importants réalisés par l'artiste américain Thayer[54], sur les particularités physiques des animaux, oiseaux ou mammifères, leur permettant de se camoufler dans le paysage avec plus ou moins de succès, en contrebalançant les ombres. Le camouflage est renforcé par l'atténuation, voire par la disparition progressive des rayures dans la partie inférieure du corps et des pattes, comme chez le quagga.

Au début du XXe siècle, cette ressemblance entre les nombreuses sous-espèces de zèbres est, pour Richard Lydekker (1849-1915), naturaliste et biogéographe anglais (écrivant à l'époque où le quagga a déjà disparu), une source de confusion et d'erreurs permanentes dans les observations et les récits de voyage. Il questionne l'utilité de distinguer des sous-espèces en fonction de ces rayures si elles ne procurent aucun avantage aux zèbres et quaggas, démontrant ainsi sa focalisation sur une classification fonctionnelle téléologique[55].

Ces débats taxonomiques sur des questions de classification, de niveau de catégorisation, mélangeant des considérations géographiques locales, de nombreux caractères physiques, des hiérarchies instables, des indications d'adaptations et évolutions présumées des espèces sont tout à fait dans la lignée des débats parmi les biologistes évolutionnistes à cette époque, qui sont d'ailleurs toujours en cours pour de nombreuses espèces[56]. Selon les cas, on parle d'espèces sœurs, comme chez les girafes ou les grenouilles amazoniennes, voire de complexes d'espèces cryptiques dans les cas les plus compliqués, comme chez les amphipodes.

La notice de l'*Encyclopedia Britannica* de Ridgeway consacrée à la famille des équidés synthétise l'état des connaissances au début du XXe siècle sur leurs origines, leurs robes et les relations généalogiques qui ont joué un rôle important dans l'histoire du quagga. La famille des équidés comprend deux grands groupes : d'un côté, les chevaux, de l'autre, un regroupement des poneys, ânes, zèbres et quaggas. Les chevaux proprement dits se distinguent entre autres par une queue à longs crins abondants, une longue crinière, de courtes oreilles, parfois des marques, taches de couleur claire entourées d'anneaux plus foncés (ou des robes tachetées ou mouchetées) et fréquemment une raie de mulet. L'encyclopédie distingue deux types de chevaux. Le type isabelle nordique (sauvage ou non) comprend des poneys dont ceux de Norvège, d'Islande et le fameux cheval de Przewalski. Le type sudiste ou barbe (chevaux berbères) comprend les chevaux barbe et arabes. Les chevaux sauvages sont considérés comme ayant été très abondants aux temps préhistoriques, vers l'âge de pierre. Compagnon des colonisations humaines, la domestication du cheval a commencé très tôt avec une diversification variétale importante. L'autre groupe de la famille des équidés intègre les ânes asiatiques et ceux d'Afrique, les zèbres et les quaggas. Les caractéristiques du zèbre de Grévy (*Equus grevyi*), aux nombreuses rayures et aux grandes oreilles, sont décrites comme des adaptations à la vie dans les plaines couvertes de broussailles. Ensuite, il est question d'un regroupement d'espèces très proches, à petites oreilles pointues mais avec des robes variées dont faisait partie le quagga (*E. quagga*) maintenant disparu[57].

Reprenant la classification des zèbres, Ridgeway assure qu'il n'est plus possible de les classer simplement, en fonction de leurs zébrures, en trois types : Grévy, Burchell et commun (ou de montagne). Leurs robes présentent de nombreuses variations dans la disposition des rayures. Cela entraîne ainsi une gradation dans les types de robes avec une distribution nord-sud (qu'Ewart avait bien décrite lui aussi). Le type le plus nordique est le Grévy, puis la deuxième catégorie dite « de Burchell » regroupe un certain nombre de sous-espèces et de races, objets de nombreux débats concernant leur classification. Ridgeway synthétise les débats entre Lyddeker et Pocock. Ces derniers distinguent deux groupes de quaggas : le premier reprenant les descriptions d'Edwards, Harris, Hamilton et Smith, l'autre comprenant les animaux semblables à celui photographié par York au zoo de Londres, suggérant ainsi l'existence de deux sous-espèces : *E. quagga greyi* et *E. quagga lorenzi*. C'est ensuite que les deux spécialistes ont divergé. Pocock proposa que le quagga de Lord Morton soit classifié dans la sous-espèce *greyi* mais cela ne satisfaisait pas Lydekker. Celui-ci, à la réflexion, ne trouvait plus utile d'établir ses distinctions, notamment parce qu'elles reposaient sur des analyses de peintures et gravures anciennes, non réalistes ou dont les couleurs pouvaient être passées. Un autre point important de ces débats était l'insistance de Pocock à vouloir regrouper dans une même catégorie, baptisée « *E. quagga* », toutes les variétés de Burchell, y compris les quaggas. Pour Lydekker, il était important de marquer la distinction, évidente selon ses analyses anatomiques, entre Burchell et quagga. Ridgeway juge ces débats tout à fait à la hauteur de ces spécialistes mais loin d'être faciles à trancher, notamment par manque de données. Il aborde aussi la question de la tendance aux rayures des chevaux, dépendante de leur localisation géographique, apparaissant nulle en zone asiatique et de plus en plus importante à mesure que l'on descend vers le sud. Le maximum est atteint dans les zones tropicales et subtropicales africaines, puis une diminution nette est observable avec le zèbre de Chapman dans la région du Transvaal et de la rivière Orange. Ridgeway retrace plus généralement l'origine des chevaux en adoptant une perspective évolutive. Il rappelle que l'ancêtre des chevaux devait être rayé, et que les chevaux d'Europe et d'Asie ont donc dû se débarrasser beaucoup plus rapidement de leurs rayures que les chevaux africains. Ainsi, le quagga s'intègre dans ce narratif de gradient de zébrure. L'absence de rayures dans sa partie inférieure était perçue comme un signe d'évolution vers un phénotype se rapprochant des chevaux.

En conclusion, le cas du quagga a été résolu sur les mêmes bases que les premiers doutes émis par Macdonald dans les années 1830. Des expériences de croisements soigneusement planifiées et mises en œuvre, combinées avec des analyses fines des transmissions de caractères des motifs et couleurs des robes des chevaux et des zèbres ont permis d'élucider complètement le cas du quagga, qui retombe donc comme un soufflé sorti trop tôt du four. Les expériences décisives d'Ewart faisaient partie d'un mouvement plus global de développement scientifique, d'expériences de croisement. Les sciences de l'amélioration et de la sélection variétale commençaient à se développer aux États-Unis et au Royaume-Uni[58]. Burkhardt illustre bien ces envies et cette nécessité pour les éleveurs de réfléchir autrement quand il cite Charles Davenport (1866-1944), biologiste et eugéniste, en 1903 : « Qui n'est pas fatigué d'entendre parler de la jument de Lord Morton et du quagga[59] ? » D'autre part, si les zèbres étaient sa spécialité, Ewart a grandement bénéficié pour ses analyses des connaissances acquises concernant les caractéristiques, les origines et les relations ancestrales des différentes races de chevaux, comme les arabes et les duns. Les rayures ainsi que la crinière dressée qui avaient tellement surpris Lord Morton apparaissaient alors banales et même prévisibles aux contemporains d'Ewart.

La carrière scientifique du quagga s'achève ainsi au début du XXe siècle. Si Darwin l'a intégré aisément dans sa théorie de la pangenèse, Weismann a été plus à la peine pour le positionner par rapport à sa théorie de la continuité du plasma germinatif. S'il a formulé une possibilité d'intégration en définissant la télégonie, c'est à la condition d'une vérification par expérimentation. Le cas du quagga n'est plus bon en lui-même, il faut une répétition sous forme d'expérimentation scientifique pour pouvoir le confirmer et l'intégrer comme un fait scientifique reconnu. Cette anecdote est un emblème des derniers obstacles à faire tomber pour que la transmission des caractères acquis soit discréditée.

5
LA RÉAPPARITION DU QUAGGA

À la fin de la Première Guerre mondiale, les questions et discussions concernant le quagga disparurent complètement, il ne subsiste qu'au travers de spécimens empaillés et quelques crânes, squelettes et peaux comme tant d'autres animaux, dans les collections de muséums d'histoire naturelle européens.

Ces muséums durent s'en occuper tant bien que mal, à cette période où les techniques d'entretien et de préservation des spécimens naturalisés progressaient[1]. Seules quelques informations très fragmentaires sont disponibles : remontage du quagga du muséum de Munich en 1910, de celui de Francfort en 1912 et de celui de Bale en 1929*. Pendant la Seconde Guerre mondiale, un quagga empaillé brûla lors de l'incendie d'un château en Allemagne et un fœtus fut partiellement détruit lors de bombardements atteignant le muséum de Mainz. Enfin, deux crânes stockés au Royal College of Surgeons de Londres furent complètement détruits lors de raids aériens.

* Les animaux empaillés s'abîment et s'affaissent avec le temps, et régulièrement il faut les démonter pour les nettoyer et revoir la structure interne afin de leur redonner une allure et une attitude correctes.

Le nombre, relativement faible, de spécimens importés en Europe a permis à quelques auteurs, au cours du XXe siècle, d'entreprendre des recensions des peaux taxidermisées ou non, des squelettes et autres fragments corporels naturalisés dans les musées d'histoire naturelle d'Europe[2].

La destinée des peaux et des squelettes, de leurs propriétaires originaux ainsi que des revendeurs successifs a été tracée et relatée, tant que faire se peut, par des zoologistes et experts en muséologie comme James Dolan, Reinhold Rau et David Barnaby au cours du XXe siècle et présentée dans des revues zoologiques confidentielles[3]. Les pratiques de naturalisation apparaissent au XVIe siècle. La taxidermie proprement dite s'est développée surtout au XIXe siècle, accompagnant l'essor des muséums d'histoire naturelle. Les collections d'animaux taxidermisés sont précieuses pour soutenir deux missions principales des muséums : l'éducation des publics et le développement de recherches. Elles permettent des études importantes qui comprennent des travaux de description, des comparaisons et des classifications d'espèces sur le lieu même du muséum, mais aussi une exposition de la richesse et de la diversité du vivant. Parmi les nombreuses discussions concernant les exemplaires naturalisés de quagga, voici un aperçu des questions posées : le quagga de Vienne, par exemple, est-il plus grand avec une couleur de fond plutôt crème que gris ou chocolat, et des rayures foncées plus nombreuses et plus larges que celui d'Amsterdam ? Si oui, qu'indiquent ces différences ? Des variations phénotypiques individuelles au sein d'une même espèce ? Ou plutôt des races locales, des variétés différentes ? Il existe un biais important dans les processus de constitution même des collections dont il faut tenir compte lors de l'examen des éléments physiques et des représentations restantes des animaux disparus. Lors des chasses, ce sont certainement les animaux attirant le plus l'œil, ceux qui sortaient de l'ordinaire, qui étaient visés par les tireurs. Ce sont donc probablement les peaux correspondant aux animaux les plus remarquables qui ont été gardées et non pas celles d'individus ordinaires.

C'est néanmoins à partir de ce stock muséal qu'un tout nouvel aspect de l'aventure du quagga émergea dans les années 1980, prenant une direction tout à fait inattendue.

Un taxidermiste passionné

Dans ce dernier volet de l'aventure du quagga, Reinhold Rau, taxidermiste allemand passionné par cet animal, a tenu un rôle crucial, documenté notamment par David Barnaby, historien de la zoologie[4]. Ses qualités professionnelles et sa persévérance sont célébrées, dès 1983, dans un numéro spécial du journal naturaliste sud-africain *African Wildlife*, commémorant le centenaire de la disparition officielle du quagga[5]. Selon sa notice nécrologique parue dans le *New York Times* en mars 2006[6], Rau aurait, pendant sa jeunesse, été enthousiasmé par les travaux des frères Heinz et Lutz Heck (respectivement 1894-1982 et 1892-1983), zoologistes allemands, sur la recréation de races d'aurochs[7] (voir la fin de ce chapitre) ; source d'inspiration forte pour imaginer et lancer plus tard un programme de recréation du quagga. Après avoir travaillé au Naturmuseum Senckenberg (muséum d'histoire naturelle de Francfort) comme préparateur (c'est-à-dire technicien taxidermiste), Reinhold Rau immigra en Afrique du Sud, en 1959, pour prendre un poste de taxidermiste au muséum de la ville du Cap. Alors qu'il était devenu taxidermiste en chef, il se lança en 1969 dans la rénovation du seul spécimen empaillé de quagga existant en Afrique du Sud. Ce spécimen consistait seulement en une peau montée sur une structure presque sans aucun élément de squelette ! Le montage réalisé précédemment lui donnait un aspect miteux et disgracieux[8]. Rau, avant d'oser démonter et traiter cette peau, entreprit de se documenter sur les traitements conservatoires, allant même jusqu'à visiter des tanneries locales de peaux de zèbres. Il fit plusieurs essais sur les nombreuses peaux de zèbres disponibles dans les magasins du muséum avant de s'attaquer à celle de ce précieux spécimen de poulain quagga.

L'origine de cette peau remonterait à 1850[9]. Un très jeune poulain quagga arriva dans une ferme du Karoo et y mourut seulement une semaine après. Un employé de la ferme le dépouilla correctement, mais la peau ne fut certainement pas grattée et tannée selon les standards actuels de taxidermie[10]. Elle fut cependant bien préservée et montée. Le spécimen empaillé, crâne et os mis à part, fut envoyé au muséum du Cap. Sa posture n'était pas naturelle d'après Rau, mais le spécimen resta comme cela jusqu'au moment où le taxidermiste entreprit de le démonter entièrement, en 1969. Rau se rendit alors compte que des résidus de sang, de chair, de muscles et autres tissus parfaitement desséchés adhéraient encore à la peau. Il les préleva et les mit soigneusement de côté avec le crâne et les os, les jugeant inutiles pour le nouveau montage qu'il avait en tête. Rau pensa que ces échantillons pourraient être analysés par des biologistes moléculaires car les groupes sanguins de momies égyptiennes venaient d'être déterminés grâce à de nouvelles méthodes[11]. Le remontage du quagga par Rau donna un résultat exceptionnel en termes de texture de peau, de posture de l'animal, avec une allure générale et une position des pattes naturelles, selon l'éditeur du numéro spécial d'*African Wildlife*[12]. Ce spécimen est toujours visible aujourd'hui dans les collections d'histoire naturelle du musée Iziko du Cap[13].

Rau développa alors une passion pour les quaggas et entreprit des recherches approfondies afin d'identifier et de localiser les spécimens subsistants. Ainsi, en 1978, il rédigea un article de synthèse décrivant précisément tous les échantillons biologiques préservés de quagga qu'il avait pu répertorier, publié dans *The Annals of the South African Museum*[14]. L'article présente une liste révisée d'une première version (datant de 1974), incluant de nouvelles découvertes : une photographie de quagga d'un musée zoologique de Kazan, le recensement d'un quagga empaillé, découvert au muséum d'histoire naturelle de Lyon par Vera Eisenmann, paléontologue française, ainsi qu'une patte empaillée dans un musée à Exeter en Angleterre. Ce recensement comporte au total vingt-trois peaux, sept squelettes complets, vingt crânes, différentes parties de squelettes dont les pieds, les mâchoires, et diverses parties de tissus, chairs et cartilages conservés dans du formol. Rau étudia les caractéristiques des peaux, non seulement de quaggas mais aussi de zèbres des plaines (*Equus quagga burchelli*) et de montagne (*E. zebra hartmannae*), complètement dans la lignée des travaux d'inventaire d'Ewart (qu'il ne cite cependant pas). Pour cela, il réunit une collection d'environ 400 peaux provenant de différentes zones d'Afrique du Sud. Ses analyses, à partir de photographies, ont pour objectif de retracer les motifs de distribution et de densité des rayures et de les confronter avec les résultats d'études antérieures. Concluant son bilan en citant les travaux de Pocock, il affirme qu'une évaluation précise des données issues d'anciens documents et articles est pratiquement impossible en raison des indications géographiques imprécises, de la faiblesse des descriptions des animaux et des dénominations, avec notamment la confusion quasi permanente et indémêlable entre les termes « zèbre » et « quagga ». C'est peut-être pour cette raison que Rau ne cite ni les travaux d'Ewart, ni ceux de Lydekker. Ce ne sont peut-être pas, à ses yeux, des sources qu'il considère comme fiables scientifiquement, des sources relevant plutôt de l'histoire des sciences non pertinentes dans le cadre de son travail scientifique contemporain. Sans entrer tout de suite dans le détail des comparaisons des différents motifs et couleurs des peaux entreprises par Rau, sur lesquelles nous reviendrons en deuxième partie de ce chapitre, il convient de retenir sa conclusion affirmant que le zèbre de Burchell et le quagga doivent être considérés comme appartenant à la même espèce, *Equus quagga*. Rau conclut cet article par un paragraphe sur la réintroduction des zèbres, mentionnant que c'est une pratique de plus en plus souvent mise en œuvre, lorsque des populations naturelles ont été exterminées. Dans le cas des zèbres en Afrique du Sud, de nombreux déplacements de populations ont déjà eu lieu pour permettre leur redéploiement dans des zones où ils avaient été chassés pendant plus de trois siècles. Il prône aussi des croisements contrôlés afin d'éliminer les individus à phénotypes ambigus (ceux qui ressemblent le moins au phénotype Burchell) pour obtenir rapidement une population d'animaux de type Burchell semblables aux formes endémiques présentes antérieurement.

Du spécimen empaillé à l'ADN ancien

C'est à partir de cette période que Rau commença à réfléchir concrètement aux moyens d'obtenir des quaggas par des techniques de sélection génétique, notamment par hybridation sélective à partir de zèbres. Il entreprit de contacter des biologistes capables d'étudier les échantillons de tissus qu'il avait prélevés sur le quagga, pour mieux positionner celui-ci par rapport aux zèbres, sans succès[15].

Quelques années plus tard, en 1979, Rau se rendit au muséum d'histoire naturelle de Mainz, en Allemagne, pour s'occuper du nettoyage et du remontage d'un spécimen de zèbre de Burchell, de deux spécimens de quaggas adultes et de celui du fœtus partiellement détruit pendant la guerre[16]. Sa mission de restauration achevée pour le zèbre et les deux grands quaggas, Rau repartit avec le fœtus sur lequel il travailla au musée du Cap afin de le reconstituer, pour un résultat époustouflant, mené à bien en juillet 1892. Le quagga fut exposé pendant quelque temps au musée du Cap, puis renvoyé au muséum de Mainz. Au cours de son travail de restauration des quaggas à Mainz en 1980 et en 1981, Rau préleva des résidus de tissus accrochés dans les replis des peaux, comme il l'avait fait sur le spécimen sud-africain. C'est aussi pendant ce séjour qu'il reçut une demande d'Oliver Ryder, du zoo de San Diego en Californie, qui cherchait des tissus ou du sang de zèbres vivants pour des analyses cytologiques*. Rau se demanda alors si Ryder ne pourrait pas être aussi intéressé par des échantillons de quagga et Ryder lui répondit positivement[17]. Rau envoya alors ceux qu'il venait de prélever, espérant que les méthodes ancestrales de naturalisation aient peu détruit les structures tissulaires. Oliver Ryder entreprit ce travail en collaboration avec une équipe de scientifiques de l'université de Californie à Berkeley. Plus exactement, les échantillons furent partagés en trois lots : un pour Oliver Ryder à San Diego, un pour Russell Higuchi, postdoc dans le laboratoire d'Allan Wilson à Berkeley, et enfin un pour Jerold Lowenstein à San Francisco. Une version un peu différente est présentée par l'historienne des sciences Elizabeth Jones : Allan Wilson et Russell Higuchi auraient été les initiateurs de cette recherche. Ils venaient d'essayer d'amplifier, par PCR (*polymerase chain reaction*), de l'ADN (acide désoxyribonucléique) d'insecte inclus dans de l'ambre vieux de plusieurs millions d'années, sans résultats probants. Ils étaient en quête d'échantillons plus récents pour affiner leurs méthodes[18]. Grâce à Ryder, ils eurent vent de l'existence des échantillons de quaggas, d'environ 140 ans, ce qui leur semblait bien plus raisonnable et finalement déjà excitant comme travail. Dans tous les cas, deux équipes se mirent au travail indépendamment : Higuchi et Ryder s'intéressèrent à l'ADN mitochondrial – c'est-à-dire à l'ADN contenu dans les organites appelés « mitochondries » –, Lowenstein aux protéines sériques, extraites du sang.

* Études de la structure et de la fonction des cellules.

L'utilisation d'ADN mitochondrial était motivée par les travaux antérieurs d'Allan Wilson[19], pionnier de l'utilisation des données moléculaires en évolution et du concept d'horloge moléculaire*. En effet, comme une cellule contient de nombreuses mitochondries (mais un seul noyau), le nombre de copies de séquences d'ADN mitochondrial est bien plus important que le nombre de copies d'un gène nucléaire (gène contenu dans le noyau). En partant de faibles quantités de matériel biologique, la probabilité d'amplifier de l'ADN mitochondrial est donc plus grande que pour de l'ADN nucléaire. Par ailleurs, les mutations sont plus fréquentes dans le génome mitochondrial. Celui-ci évolue donc plus rapidement que le génome nucléaire, permettant des études évolutives plus fines. Enfin, il y a toujours transmission maternelle des mitochondries**. Il n'y a donc aucune possibilité de mélange des gènes mitochondriaux maternels avec les gènes paternels, comme c'est le cas avec les gènes nucléaires[20].

Higuchi et Ryder réussirent tout d'abord à extraire des protéines des échantillons de tissus. Puis une quantité d'ADN de l'ordre de dix nanogrammes fut extraite d'un petit morceau de muscle et de tissus conjonctifs. Les tailles des fragments d'ADN furent déterminées dans une fourchette de 2 000 à 4 000 bases azotées (A, C, T et G). Malgré cet indice de dégradation, les fragments étaient assez grands pour réaliser des analyses de séquences d'ADN[21]. Dès cette première analyse moléculaire, une question fut posée : l'ADN amplifié par la réaction de PCR ne pourrait-il pas venir d'une

* L'horloge moléculaire désigne une hypothèse postulant que les mutations s'accumulent dans le génome à une vitesse constante. Cela permet par comparaison de construire des échelles chronologiques de divergence entre espèces.

**Lors de la fécondation, seul le noyau du gamète male pénètre dans la cellule ou gamète femelle et fusionne avec le noyau haploïde. Le cytoplasme du gamète femelle est donc la seule source d'organites (dont les mitochondries) pour l'embryon qui va se développer à partir de la cellule œuf ; on parle d'hérédité maternelle.

contamination – humaine, bactérienne ou fongique – de la peau du quagga ?

De manière générale, la contamination d'un échantillon peut avoir lieu à tout instant : tout au long de la vie du matériel biologique mais aussi à cause du manipulateur, lors de l'extraction. Il est démontré que des spores bactériennes ou fongiques survivent pendant des millions d'années et peuvent être incluses, par exemple, dans l'ambre. Les bonnes pratiques comprennent donc la manipulation dans un lieu dédié, loin des laboratoires de routine d'amplification et de séquençage d'ADN. La méthode choisie pour détecter la contamination a été, dans un premier temps, de tester la complémentarité par hybridation de cet ADN avec un ADN extrait de zèbre de montagne, ce qui permet d'évaluer la similarité des deux séquences d'ADN. Les résultats sont concluants, l'hybridation est forte, indiquant que les deux ADN sont très complémentaires. L'étape de clonage de cet ADN est annoncée dans un article du numéro spécial d'*African Wildlife* afin d'obtenir des quantités importantes par amplification PCR et d'envisager un travail de séquençage et de comparaison de ses séquences ADN avec celles d'autres espèces et variétés de zèbres. Ryder écrivit dans une lettre à Rau le 4 mai 1983 : « Ça y est, nous avons des morceaux de gènes du quagga disparu[22]. » Alors que tout semblait perdu dans le Karoo il y a tout juste cent ans, la récupération de ce matériel génétique ouvrit la voie à des découvertes fondamentales concernant le quagga.

Publications scientifiques

Après cette communication succincte dans la revue naturaliste *African Wildlife*, vint le temps de l'annonce à la communauté scientifique. La parution, dans le journal *Nature*, dès le 15 novembre 1984 indique une procédure de soumission et d'édition rapide (soumission le 25 juin, acceptation le 6 septembre) du manuscrit envoyé par les auteurs, preuve de la confiance de la communauté scientifique pour ce travail.

L'article paru dans la rubrique *Letters to Nature*, en novembre 1984, est très court[23]. Il est signé par cinq auteurs dont Higuchi en premier auteur et Wilson en dernier en tant que directeur du laboratoire*. Le titre – « Séquences d'ADN du quagga, un membre disparu de la famille des équidés » – ainsi que le résumé sont très factuels, l'objectif des auteurs est de se positionner officiellement comme les premiers à maîtriser cette technologie d'analyse moléculaire. Cependant, ils ne mettent pas particulièrement en avant l'exploit réalisé ni même les possibilités offertes, dans leur hâte à prendre date, à moins que ce soit parce qu'ils ne veulent pas être pris de vitesse par d'autres chercheurs? La conclusion reste ainsi très modeste : « Le présent rapport semble être la première démonstration qu'une séquence d'ADN clonable puisse être extraite des restes d'une espèce disparue. Auparavant, les seules autres macromolécules récupérées à partir de restes de ce type étaient des protéines extraites de mammouth d'environ 40 000 ans[24]. » Les perspectives mentionnées ensuite orientent vers des recherches visant à préciser les relations évolutives du quagga au sein du groupe des zèbres afin d'améliorer la reconstruction de l'histoire évolutive du genre *Equus*. Enfin, est suggérée seulement dans la dernière phrase de l'article l'ouverture du champ des possibles qu'offre ce séquençage d'échantillon biologique ancien : avancées importantes à venir dans les champs disciplinaires de la paléontologie, de la biologie évolutive, de l'archéologie ou encore de la science médicolégale. Dans cet article, des comparaisons de séquences d'ADN

---

* Le rang des auteurs dans un article scientifique indique la participation de chacun. Le premier auteur est celui qui a conçu et réalisé les expériences, le dernier est le responsable du projet scientifique.

mitochondrial du quagga avec celles d'ADN de zèbre de montagne (*E. zebra*), mais aussi d'autres mammifères (vache et humain), sont utilisées pour démontrer que les séquences extraites du quagga codent pour deux protéines mitochondriales. Même si cela n'est pas mentionné explicitement, ces comparaisons servent aussi à montrer l'absence de contamination par de l'ADN étranger, notamment humain, lors des manipulations. Une courte discussion mentionne que les variations minimes de séquences entre le quagga et le zèbre de montagne pourraient être dues à des modifications post-mortem. En effet, lors de la mort cellulaire, les processus de dégradation entraînent des cassures des brins d'ADN ainsi que des modifications des bases azotées, les thymines T et cytosines C étant les plus rapidement dégradées. Un arbre phylogénétique, réalisé en utilisant ces séquences mitochondriales, indique les relations évolutives entre ces organismes.

Six mois avant la parution de l'article dans *Nature*, le séquençage de l'ADN du quagga avait déjà été annoncé par une note dans le journal *Science* en juin 1984, puis plus brièvement encore dans *BioScience* en septembre 1984[25]. Ces brèves montrent l'intérêt immédiat de scientifiques spécialistes. La brève dans *Science*[26] est issue d'une présentation à une conférence – *June Annual Meeting of the American Society of Biological Chemists* – et d'entretiens du journaliste avec Wilson et Higuchi. Le choix de cibler des séquences du génome mitochondrial est ici justifié par les études antérieures de Wilson montrant leur efficacité pour établir des relations évolutives[27]. D'autre part, même si cela leur apparaît comme un horizon extrêmement lointain, les chercheurs évoquent que cette possibilité de récupérer de l'ADN de muscles, d'os et de dents d'animaux morts depuis des millions d'années ouvre des perspectives immenses concernant le clonage et la recréation des espèces éteintes. L'importance des données obtenues pour trancher la question de la position taxonomique du quagga est mise en avant. Est-ce une quatrième espèce de zèbre ? Ou une variété de zèbre des plaines (ainsi que l'on commence à appeler systématiquement le zèbre de Burchell au tournant des années 1980), ou bien encore est-ce une espèce à part, plus proche du cheval ? Des études réalisées avec des cocktails d'anticorps extraits de différentes espèces de chevaux montrent que la compatibilité est six fois plus importante avec le zèbre des plaines qu'avec les deux autres espèces de zèbres. Les espèces de chevaux ont divergé il y a cinq millions d'années, ce qui est, selon Lowenstein, seulement hier en termes évolutifs[28]. Le quagga, d'après les données moléculaires disponibles à ce moment-là, serait donc un variant du zèbre des plaines.

Dans le même numéro de *Nature*, un court article de Sir Alec Jeffreys, développeur des empreintes génétiques au département de génétique de l'université de Leicester, commente et contextualise l'exploit technique du séquençage des fragments d'ADN du quagga[29]. Jeffreys prend la mesure de la portée et de l'ampleur du travail d'Higuchi sur l'ADN du quagga, présenté comme une chimère entre cheval et zèbre, disparue il y a un peu plus d'un siècle. Le même type d'analyses moléculaires, réalisées sur l'ADN du quagga, pourrait ouvrir des fenêtres sur le passé en apportant de nouveaux indices dans de multiples situations : spécimens empaillés des muséums d'histoire naturelle mais aussi momies égyptiennes ainsi que des échantillons beaucoup plus anciens, comme des reliques de mammouths du permafrost sibérien de 40 000 ans. Certains chercheurs ont d'ores et déjà réussi à en extraire de l'ADN, malheureusement avec contaminations microbiennes. Les séquences identifiées comme proches de l'éléphant n'y sont présentes qu'en faible proportion et sont de plus partiellement dégradées. Puisque l'on sait aujourd'hui que l'ADN se conserve très bien grâce à une excellente stabilité moléculaire à l'état déshydraté, Jeffreys considère comme nécessaire que tous les zoos et musées se mettent à stocker systématiquement des extraits d'ADN.

En effet, si le découvreur des acides nucléiques Friedrich Miescher avait su cela en 1868, il aurait pu extraire de la nucléine de quagga et la stocker, évitant ainsi beaucoup de labeur et d'embûches à Higuchi et son équipe.

Néanmoins, les promesses offertes par le séquençage de l'ADN de quagga ne convainquirent pas tout le monde. Le financement d'un projet intitulé « Paléontologie moléculaire : recherche d'ADN fossile » soumis par le laboratoire de Wilson fut refusé par la National Sciences Foundation en 1984[30]. Le principal argument fut que ce premier séquençage d'un ADN de 140 ans, aussi intéressant soit-il, ne pouvait suffire comme preuve préliminaire de la possibilité d'analyses d'ADN de fossiles de 10 000 ans ou plus.

De l'ADN ancien à la paléogénétique

Cette première publication donne une visibilité forte aux études concernant l'ADN d'organismes morts, mais il serait tout à fait présomptueux d'affirmer que c'est le quagga qui a lancé le champ de l'ADN ancien ou fossile, comme cela lui est parfois attribué. C'est une idée qui était dans l'air, liée à un renouveau en paléontologie et en systématique, avec le développement de la cladistique* et des caractères moléculaires. Il existait jusqu'à six groupes différents travaillant dans cette direction à cette période[31]. De plus, les développements technologiques importants des méthodes d'extraction, d'amplification par PCR et de séquençage de l'ADN permettaient de diminuer fortement les quantités nécessaires, ouvrant l'espoir d'obtenir des résultats à partir d'échantillons de tissus biologiques de taille réduite. Enfin,

---

* Méthode ayant pour but la production d'une classification hiérarchique reflétant exactement la phylogénie, c'est-à-dire les relations de parenté des espèces, selon des clades, en utilisant des critères moléculaires et pas seulement morphologiques. Un clade est dit « monophylétique » quand toutes les espèces ont un même ancêtre commun.

ces affinements technologiques déployés par des industries de biotechnologies ont rapidement entraîné une baisse des prix, banalisant les séquençages de génomes entiers[32].

La découverte de molécules biologiques dans des tissus anciens ne date pas des années 1980. En 1914, deux biologistes français, Henri Neuville (1872-1946) et Jean Gautrelet (1878-1941), avaient identifié des produits de dégradation protéique (d'hémoglobine) à partir d'un mammouth congelé. Dans les années 1950, les techniques de chromatographie avaient permis de mettre en évidence différents types de molécules biologiques[33]. Des études prometteuses avaient conduit à l'identification de groupes sanguins de momies égyptiennes, à la fin des années 1960. Au début des années 1980, certains chercheurs, dont George Poinar et Roberta Hess qui étudiaient des fragments d'ambre, firent la découverte d'un insecte vieux de 40 millions d'années préservé à l'intérieur[34]. Au microscope électronique, des structures cellulaires et notamment des organites cellulaires, dont le noyau des cellules de l'insecte, apparaissaient particulièrement préservées[35]. Ils entrèrent en discussion avec leurs collègues de Berkeley, Wilson et Higuchi, afin de mettre au point des solutions techniques pour déterminer si la résine pouvait avoir conservé la structure de l'ADN. À la même période, un petit groupe de chercheurs motivés par un médecin du Montana, Jack Tkach, s'intéressait aussi à ces questions d'un point de vue théorique, envisageant de lointaines possibilités de récupérer des gènes d'organismes disparus. Ces projets totalement futuristes pour l'époque conduisirent à la création d'un groupe formalisé. Jack Tkach contacta Poinar et Hess pour leur proposer d'intégrer le groupe. Une première réunion du Extinct DNA Study Group eut lieu en 1983, lors de laquelle fut discutée l'idée de résurrection des dinosaures à partir de cellules sanguines retrouvées dans l'estomac de moustiques préservés dans l'ambre. La transplantation de noyau dans un œuf énucléé devant permettre la constitution d'un zygote et la multiplication cellulaire avec, pourquoi pas, à terme la formation d'un dinosaure[36]. L'optimisme de ce groupe fut récompensé l'année suivante quand Higuchi et ses collègues réussirent à cloner de l'ADN de quagga. Même s'il n'avait que 140 ans, c'était tout de même incroyable !

Le développement des études sur l'ADN ancien fut très rapide après l'étude pionnière sur l'échantillon de tissu de quagga. Annoncée dans *Science*[37] et publiée dans *Nature* en avril 1985, l'extraction d'ADN de momies égyptiennes datant de 2 400 ans fut réalisée par un Suédois, Svante Pääbo, de l'université d'Uppsala. Cependant, le séquençage de cet ADN ne conduisant pas à l'identification de séquences codantes, aucun gène particulier n'avait pu être déterminé[38]. Il s'agissait, en fait, du troisième article de Pääbo publié sur le sujet mais les deux autres étaient parus dans des journaux peu renommés et à faible lectorat. N'ayant reçu aucun signe d'intérêt, Pääbo avait été bien déçu. Néanmoins, quand il découvrit l'article d'Higuchi dans *Nature*, il fut estomaqué et cela lui redonna courage. Il soumit alors un manuscrit à *Nature* qui fut très rapidement accepté et qui parut en avril 1985.

Les problématiques de ce nouveau champ sont déjà clairement exprimées, en 1985, dans un article du *American Scientist*[39]. En quelques paragraphes efficaces, ce texte de Lowenstein dresse un état des lieux de la situation scientifique et des perspectives entrevues par les chercheurs américains en évolution moléculaire. Lowenstein travaillait sur les méthodes de détermination des temps et vitesses d'évolution des espèces. Les caractères morphologiques utilisés le plus fréquemment, comme les dents et les os, peuvent évoluer rapidement dans une lignée et plus lentement dans une autre. Ainsi, il n'est pas possible de déterminer depuis combien de temps deux spécimens ont divergé, simplement en les examinant. Cependant, les comparaisons à partir de séquences nucléiques ou protéiques le permettent. En effet, elles reposent sur le principe suivant : en termes évolutifs, ces molécules ne convergent pas mais, au contraire, changent à un rythme assez rapide (celui des mutations), comme une horloge moléculaire. Ainsi, le degré de similarité de séquences entre deux espèces indique le temps de divergence ainsi que leur degré de proximité génétique. Ce principe a permis le développement, depuis la fin des années 1960, d'études de systématique moléculaire. Selon Lowenstein, les avancées récentes rendant possibles l'inclusion d'espèces disparues dans ces études vont permettre de développer de manière substantielle l'identification d'espèces à partir des innombrables échantillons stockés dans les muséums. La combinaison avec des analyses systématiques de plantes et d'animaux vivants permettra un développement important des phylogénies. Si les études moléculaires sont généralement concordantes avec les études de systématiques classiques, elles ont aussi mené à des bouleversements comme dans la phylogénie de la lignée humaine* ou encore dans la compréhension du fait que les archéobactéries** formaient un troisième groupe, alors qu'elles étaient considérées jusqu'alors comme des bactéries avec un métabolisme particulier[40].

En 1990, les études publiées incluant des analyses d'ADN ancien concernent déjà quatorze espèces, allant du magnolia à l'humain, les plus anciennes étant le mammouth laineux et des plantes d'environ 40000 ans[41]. Jared Diamond (encore en poste à cette époque au département de physiologie de l'université de Californie) publie un court article dans *Nature*, au titre amusant : « Old Dead Rats are Valuable – Les vieux rats morts ont de la valeur[42] ». Il y défend la

* Alors que les analyses de fossiles indiquaient une divergence évolutive entre singe et humain depuis 20 millions d'années, les analyses moléculaires indiquent une divergence bien plus récente de l'ordre de 5 à 6 millions d'années.

**Les archées ou archéobactéries sont des microorganismes cellulaires procaryotes (une cellule sans noyau) comme les bactéries mais qui sont très différents concernant leur biochimie et leur génétique moléculaire.

conservation des herbiers et autres collections de spécimens des muséums, menacées par des partisans des restrictions budgétaires et du tout moléculaire qui demandent leurs suppressions physiques, car trop coûteuses en maintenance et en conservation, pour un intérêt scientifique bien modéré, une fois les spécimens classifiés. L'argument fort, selon lui, est que, grâce aux études d'ADN ancien qui se développent à grande vitesse, le matériel biologique des vieilles collections poussiéreuses devient une opportunité, un réservoir gigantesque permettant les études de variations de fréquences alléliques et de distributions géniques au cours du temps.

Un article de 1991 sur les plantes fossiles[43], écrit par Higuchi, est présenté comme fondateur des études phylogénétiques à partir d'ADN non contemporain. Cependant, le nom du quagga n'est pas mentionné. Il est seulement indiqué que le travail a été effectué à partir d'un spécimen de muséum. Ce qui est mis en avant est surtout le principe novateur d'utiliser l'inférence phylogénétique afin d'établir l'authenticité de la séquence*. Cela se retrouve dans les très nombreux travaux qui commencent à paraître à partir de cette période, à la recherche du plus exotique et, bien sûr, du plus vieil échantillon[44]. Un palier, ou plutôt un summum, semble être atteint avec un ADN extrait d'un échantillon de plus de 30 millions d'années : un termite conservé dans de l'ambre de République dominicaine, île particulièrement riche en fossiles de l'ère Miocène[45]. Des corrélations entre les caractères morphologiques visualisables en trois dimensions grâce à la conservation dans l'ambre et les séquences nucléiques sont alors possibles. Cela annonce l'émergence d'un nouveau champ : la paléontologie moléculaire. Il s'agirait, à partir des analyses des différences

* L'inférence phylogénétique utilise les comparaisons de séquences d'ADN pour déterminer les relations de parenté. Le principe est que plus les séquences de deux organismes sont similaires, plus ces deux organismes sont proches. Ici Higuchi, afin de prouver que la séquence était bien celle du quagga, montre sa similarité avec un organisme proche, le zèbre.

moléculaires entre les espèces disparues et actuelles, de concevoir de nouvelles hypothèses sur les manières dont ces espèces ont évolué. L'auteur affirme que la course à l'ADN le plus ancien n'est pas ce qui motive en réalité les chercheurs mais plutôt les études de grandes périodes de l'histoire évolutive des êtres vivants, études permises grâce aux comparaisons entre les organismes les plus primitifs et les plus récents[46].

L'apparition d'ADN de plus de 20 millions d'années est néanmoins accueillie par certains scientifiques avec scepticisme, la dégradation leur paraissant inévitable et le risque de contamination trop important[47]. Cette question de la contamination de l'ADN, problème majeur de ces études, est abordée comme un revers du meilleur atout de la technique d'amplification par PCR : la sensibilité, c'est-à-dire un faible seuil de détection, une capacité à amplifier de toutes petites quantités d'ADN. Le niveau de préservation de l'ADN dans des échantillons très anciens est aussi discuté. La majorité de l'ADN dans les organismes morts semble se dégrader assez rapidement, notamment en conditions de forte humidité. Mais les résines, notamment celle de l'ambre (contenant sucres et terpènes), ont des propriétés de préservation des molécules biologiques, connues et exploitées depuis très longtemps, comme lors des momifications par les Égyptiens. Il faut aussi rappeler que les animaux empaillés posent potentiellement problème pour certaines analyses anatomiques, biochimiques ou moléculaires, car les spécimens lors des opérations d'empaillage ou de remontage n'ont pas toujours été remplis uniquement avec des ossements d'origine, mais aussi avec du bois ou des pierres. Tomas Lindahl, cancérologue et Prix Nobel de chimie, propose de généraliser des procédures de contrôle, par exemple : publier les résultats négatifs, c'est-à-dire tous les cas où l'amplification d'ADN n'a pas été possible, dans la gazette *Ancient DNA Newsletter*. Mais aussi d'imposer la reproductibilité, en utilisant des spécimens similaires en cas de résultat positif sur un spécimen donné, ou bien de réaliser un contrôle négatif avec un fragment du même bloc d'ambre ne contenant pas de spécimen biologique. Des analyses chimiques par spectrométrie pourraient être utilisées pour vérifier que d'autres composés (protéines ou polysaccharides) sont présents dans l'échantillon. Une petite note de Poinar, dans *Nature*, réagit directement aux propositions de Lindahl. Elle précise que les ADN issus des spécimens dominicains ont été extraits et amplifiés par différents laboratoires qui, bien évidemment, ont réalisé les contrôles indiqués par Lindahl, qui sont, somme toute, des contrôles expérimentaux basiques. Poinar insiste, lui, sur le fait que les processus de fossilisation sont multiples : par inclusion dans de l'ambre, de la résine ou même de la glace, ce qui assure une bonne préservation des structures des organismes entiers. Sinon, après dégradation des parties molles, ce sont les parties dures qui sont préservées dans des sédiments. La fossilisation a lieu alors par cristallisation des os ou par infiltration de minéraux (perminéralisation) ou encore, à la suite de la dissolution des os, par formation d'une empreinte dans la roche sédimentaire. L'ADN n'est pas dégradé de la même manière, ni avec la même ampleur selon ces processus[48].

De nouveaux projets de recherche émergent, alliant les données morphologiques, moléculaires et les datations de fossiles[49]. Le champ se développe, comme l'atteste la création de revues telles que *Ancient Biomolecules*. L'ADN est extrait d'échantillons biologiques de plus en plus anciens : feuilles de magnolia de plus 15 millions d'années, abeille d'environ 20 à 40 millions d'années, charançon de 120 millions d'années (provenant d'une collection d'échantillons d'ambre du Liban, stockée à l'université américaine de Beyrouth[50]).

Les méthodes continuent à se développer avec des points de vigilance et de standards d'expérimentation pour limiter encore et toujours les contaminations[51]. Les points de vigilance concernent la reproductibilité des expériences, le clonage, la réplication indépendante, la préservation biochimique globale de l'échantillon, la mesure précise des quantités d'ADN mais aussi des autres échantillons biologiques associés au prélèvement. Notamment, divers indicateurs biochimiques sont développés pour estimer les chances de présence d'ADN. Avec le développement du séquençage d'ADN ancien dans des disciplines comme l'anthropologie, les questions d'éthique apparaissent et deviennent rapidement marquantes[52]. Comment respecter la dignité et les droits des morts ? Par exemple, concernant l'extraction d'ADN nécessitant la destruction au moins partielle de l'échantillon d'origine humaine, il faut arbitrer entre intérêt scientifique et considération éthique. D'autre part, les analyses biologiques nécessitent aujourd'hui le consentement des individus concernés, comment faire dans le cas des morts ? Dans certaines situations, des communautés culturellement proches des morts peuvent être consultées.

La désillusion fut néanmoins assez rapide. Dès 1995, une séquence d'ADN d'un dinosaure de 80 millions d'années fut identifiée comme appartenant au paléontologue ayant manipulé l'os[53]. Puis il fut impossible de répéter les expériences conduisant aux séquences des plantes fossiles et du charançon de 120 millions d'années. Les estimations temporelles furent alors sérieusement revues à la baisse. La limite supérieure estimée aujourd'hui est une fourchette de 400 000 à 600 000 ans, à partir de séquences d'ADN de bactéries isolées provenant de sols gelés sibériens[54]. Par ailleurs, une estimation de la demi-vie de l'ADN réalisée par le professeur de génomique évolutive Morten Allentoft et ses collègues, à partir d'ADN extraits d'échantillons de pattes de l'oiseau moa* (de 600 à 8 000 ans) donna 521 ans[55]. Ce

---

* Le moa fascine depuis la découverte en 1839 par Sir Richard Owen d'un fémur en Nouvelle-Zélande et sa prédiction qu'il devait appartenir à un oiseau géant, ratite sans ailes et donc incapable de voler. À partir de l'arrivée des Polynésiens au XIIIe siècle en Nouvelle-Zélande, le moa aurait disparu en un siècle, même s'il y a toujours débat sur la durée de la cohabitation avec l'humain.

paramètre correspond au temps au bout duquel statistiquement la moitié des liaisons entre les nucléotides d'un brin d'ADN sont dégradées. Les demi-vies estimées indiquent ainsi que, même dans d'excellentes conditions environnementales, les fragments d'ADN seraient trop détériorés pour être séquencés, après environ 1,5 million d'années, et seraient détruits après 6,8 millions d'années.

Après cette période de déconvenues et de retour à la réalité, le champ de la paléogénétique atteignit l'âge de raison, comme l'appelle Ludovic Orlando, paléogénéticien spécialiste de l'histoire évolutive des équidés. Les possibilités offertes par l'ADN fossile sont mieux cernées, les fantasmes et les faux espoirs sont écartés. Cette nouvelle discipline[56] entre dans une phase de science normale*. À l'approche des vingt ans du séquençage de l'ADN du quagga, un certain nombre de revues et de bilans sont publiés[57]. Ils pointent tous que des résultats solides ont été obtenus : des études d'ADN ancien ont permis de résoudre ou de confirmer des travaux réalisés à partir de caractères morphologiques, notamment concernant le dodo et l'aigle royal et des travaux de Darwin sur le moa[58].

En 2015, il est de nouveau question du quagga dans le journal de la Royal Society, dans un article d'introduction d'un numéro spécial sur l'ADN ancien revenant sur les trente premières années de développement de ce champ[59]. Les auteurs pointent que ce que Jeffreys, en 1984, avait appelé un « rêve glorieux » en énumérant les perspectives de développement d'un nouveau champ de recherche,

* Selon l'historien des sciences Thomas Kuhn (1922-1996), le développement d'une science se fait en trois phases. Après le stade de pré-science ou d'établissement du champ scientifique, vient la phase de science normale, extrêmement productive, avec l'établissement d'un paradigme fort permettant la résolution de problèmes. Ensuite, les anomalies s'accumulent, conduisant le champ scientifique dans une impasse ou à une révolution avec un changement de paradigme. L'entrée en phase normale est un signe de maturité du champ scientifique.

combinant la paléontologie et la biologie moléculaire, s'est effectivement réalisé. La paléogénomique comprend une communauté dynamique de chercheurs et des problématiques de recherche de plus en plus développées. Le plus ancien ADN génomique séquencé est celui d'un cheval de 700 000 ans[60]. La compréhension des premières populations humaines a énormément progressé grâce aux études de séquences, voire de génomes entiers de différentes lignées humaines et ancêtres des humains, comme l'homme de Néandertal, mais aussi grâce aux analyses de génomes de plantes et d'animaux liés aux humains par l'alimentation. Enfin, un autre champ de la paléogénomique concerne l'étude des états passés de l'environnement ; la connaissance des génomes d'organismes anciens, croisée avec des données géologiques, contribue à la reconstitution de paléoenvironnement à diverses époques. Cela permet d'envisager des projections dans la situation actuelle du changement climatique sur les extinctions d'espèces à venir.

Concernant le quagga, cette grande percée du séquençage de l'ADN ouvre deux perspectives. Tout d'abord, celle de positionner précisément le quagga dans la classification systématique évolutive de la famille des équidés en clarifiant ses relations avec le zèbre et les ancêtres communs du cheval grâce à des critères moléculaires et non plus seulement morphologiques. L'autre perspective, évoquée très précocement par Rau, est celle de la recréation d'espèces.

Classification relative des quaggas, zèbres et chevaux

Entre l'énonciation par Darwin du principe de classification des êtres vivants selon la phylogénie, fondée sur l'apparentement évolutif, et sa mise en œuvre concrète, il s'est écoulé environ un siècle. C'est à partir des années 1950, lors du développement de la cladistique, formulée par

Hennig, que la systématique phylogénétique a pris son essor[61]. Les premières classifications dites « naturelles » étaient construites sur la base d'identification de caractères constants, partagés par un ensemble d'espèces, entraînant la formation de groupes plus ou moins importants : genres et familles. Leurs structures, pensées comme démontrant leur origine divine, sont régies par des relations hiérarchiques entre espèces (gradisme) et suivent la *scala naturae*, l'échelle des êtres ; l'Homme étant placé au sommet[62].

À partir de Darwin, divers auteurs adaptèrent ou développèrent des classifications dérivées de ces classifications naturelles selon leurs conceptions du principe de phylogénie, des apparentements entre espèces, et d'une certaine confusion avec la généalogie (relation d'ancêtres à descendants). À partir des années 1950, la cladistique organise les espèces selon les parentés évolutives en regroupant en un groupe monophylétique tous les descendants d'un ancêtre commun, suivant ainsi le principe darwinien de descendance avec modifications[63]. Les méthodes utilisées, reposant toujours sur la sélection de caractères communs, deviennent très explicites et reproductibles, suivant les standards de la science de la seconde partie du XXe siècle ; contraste fort avec les classifications naturelles des auteurs de la fin du XIXe siècle. Cela s'accompagne de l'émergence d'un grand nombre de journaux spécialisés, à comité de lecture, relecteurs et normes de publication strictes. Les exigences de reproductibilité sont incarnées par la nécessité d'indications claires des méthodologies employées (la fameuse rubrique « Matériels et méthodes »), permettant à tout lecteur, s'il le souhaite, de reproduire les expériences[64]. Le passage aux méthodes cladistiques a aussi été soutenu par le développement d'algorithmes et d'ordinateurs capables de les exécuter rapidement avec de plus en plus de puissance, ainsi qu'une diversification des caractères pris en compte : diversité des caractères morphologiques, anatomiques avec des mesures biométriques de plus en plus précises, sans même parler des caractères moléculaires issus des séquences d'ADN. Un autre point important pour ce champ scientifique est le développement, au cours du XXe siècle, de méthodes de détermination des âges absolus (indiqués en nombre d'années) et relatifs (indiquant si un organisme est plus ancien ou plus récent qu'un autre), comme la biostratigraphie, l'horloge nucléaire, la magnétostratigraphie, qui permettent de dater avec plus ou moins de certitude les événements des histoires évolutives des organismes[65].

Selon les groupes d'êtres vivants, la systématique phylogénétique s'est mise en place plus ou moins rapidement, entraînant des remises en cause plus ou moins radicales des classifications naturelles existantes. Il y eut des grands sujets de controverse et de chamboulements, comme la disparition de la classe des reptiles, les relations entre dinosaures et oiseaux... Qu'en est-il du côté des chevaux et des zèbres ? L'abondance de fossiles, connus depuis le XIXe siècle, a permis de nombreux travaux en paléontologie des équidés. Les débats concernant l'évolution des classifications des équidés ont été la plupart du temps plutôt calmes. Le fossile provenant des carrières de gypse de Montmartre[66], étudié par Georges Cuvier, est souvent présenté comme le premier fossile d'équidé découvert. Les travaux initiaux retraçant l'histoire du cheval dans les temps géologiques datent du XIXe siècle avec ceux des anthropologues Thomas Huxley (1825-1895) et Othniel Marsh (1831-1899), à partir des séries de fossiles découvertes dans les années 1860, en Europe et aux États-Unis. Ils travaillaient dans une perspective darwinienne, cherchant à organiser les collections de fossiles à l'échelle évolutive. Les analyses étaient effectuées à partir d'os et de dents, fossiles les plus fréquents (dans des cas exceptionnels, des empreintes de pas ont pu être observées). Des éléments intéressants étaient déduits de ces deux sortes de spécimens : les dents renseignant sur les modes d'alimentation, les os sur les modes de locomotion[67]. Ces travaux furent ensuite renforcés par les études de collections immenses de fossiles provenant de tous les continents, le développement de mesures biométriques précises augmentant le nombre de caractères considérés[68]. Le muséum d'histoire naturelle de New York devint un grand centre de recherche paléontologique sur l'origine des chevaux, notamment sous la présidence d'Henry Fairfield Osborn au début du XXe siècle[69]. La synthèse rédigée par George Gaylord Simpson, un célèbre paléontologue du muséum d'histoire naturelle de New York[70], dans les années 1950 est l'ouvrage de référence de ces nombreux travaux. Au début des années 1980, se sont développées les méthodes cladistiques avec des caractères morphologiques. Néanmoins, de nombreuses incertitudes persistent concernant les relations phylogénétiques à l'intérieur du genre *Equus*, même sans évoquer les questions de l'origine commune et des différentes races de chevaux domestiques. La question du positionnement du quagga par rapport aux zèbres et chevaux en est un parfait exemple.

Concernant la classification des équidés, l'ouvrage de Ridgeway de 1905 (voir le chapitre précédent) présente une synthèse intéressante des connaissances à propos de l'origine des chevaux depuis les premiers ongulés jusqu'aux chevaux domestiques avec une perspective évolutive[71], notamment au sujet des rayures. Ce caractère primitif, au rôle supposé de camouflage efficace dans les zones broussailleuses, est conservé chez les équidés d'Afrique, comme les zèbres, alors qu'il a disparu plus ou moins complètement chez les équidés d'Europe. En 1981, Stephen Jay Gould discute la question des rayures des zèbres et des chevaux ancestraux en mettant en correspondance les travaux de Darwin et ceux récents de Bard[72], adoptant une perspective évolutive et historique. Bard, en effet, vient de démontrer qu'il existe une unité architecturale sous-jacente aux différents motifs de rayures des zèbres. Ainsi, des rayures localisées le long du dos de l'embryon vont s'étendre au cours du développement embryonnaire. Si le processus est précoce, aux alentours de trois semaines comme pour le zèbre de Burchell, cela donnera environ une trentaine de rayures. Si c'est aux alentours de cinq semaines, comme chez le zèbre de Grévy, le nombre de rayures pourra atteindre quatre-vingts. Gould se demande alors si ce motif se retrouve plus largement chez les équidés et serait donc aussi présent chez les chevaux. Darwin a discuté longuement, dans *L'Origine des espèces*, des rayures apparaissant occasionnellement chez toutes sortes de chevaux, notamment des hybrides qui présentent des rayures souvent bien plus marquées que celles de leurs parents[73]. Gould rappelle que c'est à partir de ces observations que Darwin construisit un de ses arguments les plus puissants en faveur de l'évolution. En effet, Darwin raisonnait en cherchant à comprendre la logique d'un Dieu créateur et rationnel. Pourquoi Dieu aurait-il créé toute une gamme d'espèces de chevaux distinctes par leurs robes qui produiraient des descendants hybrides à robes similaires à celles d'autres espèces distinctes ? Si c'était le cas, ce serait, selon Darwin, une action de Dieu décevante et vraiment impossible à considérer comme une hypothèse sérieuse[74]. Dans les années 1980, Gould considère l'hypothèse d'un ancêtre à rayures des chevaux comme très séduisante ; les zèbres constitueraient un groupe ayant conservé cette capacité, alors que les ânes et certains chevaux l'auraient complètement perdue. De plus, il considère l'existence de zèbres mutants dans la production de mélanine ayant des motifs irréguliers (au lieu de lignes) de couleur blanche comme un argument fort indiquant qu'ils auraient des robes à fond noir avec des rayures blanches, puisque les rayures blanches ne se forment pas normalement chez ces mutants.

Classification de Rau à partir des peaux

Les travaux de Rau s'inscrivent dans une perspective exclusivement centrée sur le quagga et ce qu'il en reste, c'est-à-dire les spécimens de muséum. Il cherche à positionner le quagga par rapport aux autres zèbres selon des critères morphologiques, mais n'a pas de questionnement évolutif. Cela ne fait pas partie de ses préoccupations, ce qui l'intéresse ce sont les relations entre les différents spécimens de quaggas. Est-ce que les variations de robes observées sont des variations individuelles ? Ou bien des signes d'appartenance à une sous-espèce, une variété particulière ? Ces critères permettent-ils de clarifier les relations entre zèbres et quaggas ?

Ainsi, son étude de 400 peaux de zèbres des plaines et de montagne provenant de différentes zones géographiques d'Afrique du Sud est orientée vers des objectifs de classification des sous-espèces et races pour les quaggas et zèbres naturalisés. Deux catégories de critères, morphologiques et géographiques, lui semblent discriminantes et donc utiles pour une approche taxonomique mais leur combinaison rend le processus ardu. Plusieurs facteurs compliquent l'établissement d'indications géographiques fiables. Le zèbre de Burchell étant considéré comme disparu dans de nombreuses zones d'Afrique du Sud, les animaux présents y ont été importés par des humains. Rau pointe par exemple le cas des fermes de chasseurs qui sélectionnent les animaux les plus rayés susceptibles de plaire. Cela peut être considéré comme relevant de mécanismes d'amélioration génétique non intentionnelle et comme une contribution potentielle à la réintroduction de zèbres de Burchell dans ces zones. D'autre part, la zone de collecte des animaux qui ont été préservés n'est pas toujours précisément connue. La définition de « sous-espèce » selon des critères géographiques est donc délicate, sans même ajouter le fait que les zèbres des plaines se déplacent rapidement sur de longues distances.

La définition de « sous-espèce » est sérieusement questionnée par Rau qui s'appuie sur une réflexion de Tegetmeier et Sutherland de 1895 lui semblant s'appliquer parfaitement à la situation des zèbres des plaines et des quaggas : « Déterminer si deux individus proches appartiennent à des espèces ou à des sous-espèces distinctes est une perte de temps. Une espèce répartie sur une grande zone géographique changera selon les conditions de vie jusqu'à ce que les individus plus extrêmes soient si différents qu'on les considérera comme appartenant à des espèces distinctes mais personne ne peut dire quand une sous-espèce commence et l'autre finit[75]. »

La disposition et l'aspect (étendue, contraste et densité) des rayures sont les critères morphologiques considérés par Rau comme primordiaux, voire comme les seuls discriminants. Rau prend, comme point de référence, les travaux de Pocock[76] et fait le bilan des études des années 1960. Toutes ces recherches considèrent qu'il n'y a qu'une seule espèce, *Equus quagga*, regroupant le quagga et le zèbre de Burchell. Rau mentionne néanmoins un auteur, le zoologiste Otto Antonius (1885-1945), qui reconnaît deux espèces, *Equus quagga* et *Equus burchelli*. Rau constate que les descriptions et illustrations du quagga ne sont absolument pas homogènes, mais qu'elles sont parfois incohérentes entre elles. Il est présenté souvent comme un animal sombre à rayures claires restreintes à la partie avant de son corps. Cependant, notamment dans des descriptions du XVIIe siècle, les quaggas sont décrits avec des rayures de couleurs très variables, jaunes, noires, rouges et même bleu ciel, suivant les auteurs. Mais qui, parmi eux, a vu un quagga de ses yeux ? Les conditions d'éclairage ont aussi leur importance sur la perception que l'on a de la tonalité des rayures. Et puis, bien sûr, le vocabulaire employé dans les descriptions ainsi que les choix esthétiques dans les reproductions exercent leur influence.

Éliminant donc les illustrations et les descriptions, Rau ne travaille qu'à partir de ses observations de peaux conservées. Il conçoit le quagga comme tous les autres zèbres, un animal à rayures sombres sur fond clair et non l'inverse, comme c'est le cas dans les conceptions de Gould et de Bard[77]. De plus, les zèbres ne sont pas non plus tout simplement noir et blanc. Les couleurs de robe vont d'ocre clair à brun sombre et les rayures de marron à noir sur le dos. Selon les zones corporelles, des variations de couleur ainsi que du nombre et de la position des rayures sont souvent observées. Rau pense, comme les auteurs rencontrés au chapitre précédent, que les populations d'individus les plus fortement rayés sont situées dans l'Est africain, alors que les populations du sud sont composées d'animaux présentant relativement peu de rayures. Le quagga représente ainsi l'extrémité de cette tendance à perdre des rayures puisque situé dans la zone la plus méridionale de l'Afrique du Sud. Le blanc de la robe devenant marron et le noir s'éclaircissant vers le brun, entraînant ainsi la disparition des rayures[78]. Le quagga serait ainsi un zèbre à robe claire et rayures foncées, au niveau de la tête et du cou, avec des intervalles fins et clairs. Dans la partie postérieure de son corps, les intervalles deviennent plus foncés et finissent par ne plus se distinguer des rayures. Rappelons que Rau, dans ses réflexions classificatoires en espèces et sous-espèces, ne prend pas du tout en compte les critères d'interfécondité* ni les questions évolutives. Sa conclusion est que le zèbre de Burchell et le quagga devraient être considérés comme faisant partie de la même espèce. Ses observations d'un continuum de variations entre les différents spécimens de quagga et de zèbre de Burchell[79] l'entraînent à considérer le quagga non comme une sous-espèce mais plutôt comme une forme variante du zèbre de Burchell. Cela est conforté, selon lui, par le fait que

* L'interfécondité est la capacité de deux espèces à se croiser en donnant naissance à des individus eux-mêmes féconds. C'est le critère prépondérant pour définir une espèce en biologie.

ni les critères morphologiques, ni les critères géographiques ne conduisent à des catégories évidentes. Ainsi, les termes de « variation », de « type » ou de « forme » lui semblent bien plus adaptés que celui de « sous-espèce » pour désigner ces différents animaux.

Un quagga selon la phylogénie moléculaire

Le séquençage des fragments d'ADN récupérés dans l'échantillon de tissu quagga alimenta les discussions et hypothèses à propos de la position taxonomique du quagga et la publication de différentes recherches de systématique phylogénétique incorporant des données moléculaires[80]. Bennett, en 1980, par une analyse cladistique utilisant les caractères morphologiques du crâne et du squelette d'espèces vivantes du genre *Equus*, avait positionné le cheval comme étant le plus proche du quagga et considérait ainsi les zébrures de ce dernier comme un caractère convergent, c'est-à-dire apparu de manière indépendante, plutôt que comme une preuve de proximité avec les zèbres[81]. Les résultats d'Higuchi[82] montraient, au contraire, une similarité très forte entre le quagga et le zèbre des plaines, avec seulement deux nucléotides de différence sur la séquence considérée. Cet écart peut être expliqué par des modifications post-mortem de l'ADN du quagga. Cette proposition de relation phylogénique était cohérente avec certaines études morphologiques mais aussi sérologiques comme celle de Lowenstein[83]. Le quagga et le cheval, selon Higuchi, se trouvaient dans les zones tempérées et avaient donc dû être exposés au froid. La diminution de la taille des oreilles, adaptation permettant de réduire la déperdition de chaleur, pourrait avoir eu lieu de manière indépendante chez ces deux espèces. La similarité des oreilles entre le cheval et le quagga pouvant alors être interprétée comme résultant de la loi d'Allen, qui prédit une tendance à une réduction de la taille des appendices relativement à la taille du corps en fonction de l'éloignement des populations de l'équateur[84]. Les similarités de dentition entre le cheval et le quagga peuvent être interprétées comme des caractères primitifs. Lowenstein, en 1985, présente le quagga comme un zèbre d'Afrique du Sud disparu à propos duquel les experts équins débattent[85] pour définir sa position taxonomique, entre trois possibilités: une quatrième espèce de zèbre africain (rejoignant ainsi le zèbre des plaines, le zèbre de montagne et le zèbre de Grévy), un variant sudiste du zèbre des plaines, ou un proche du cheval domestique. Si les travaux sur l'ADN d'Higuchi permettent bien d'éliminer la troisième hypothèse, ses travaux avec des extraits protéiques de l'échantillon de quagga indiquent que le quagga est beaucoup plus proche du zèbre des plaines que des autres espèces de zèbres, suggérant qu'il est une sous-espèce de zèbre des plaines, ce qui conforte les hypothèses de Rau[86].

Dans un article du magazine de vulgarisation *La Recherche*, de février 1985[87], le quagga est présenté comme un « zèbre aux origines douteuses ». Parmi les cousins des chevaux, certains groupes naturels évoquent par leur apparence une mosaïque de deux espèces différentes, sans être pour autant des hybrides. C'est le cas des hémiones et hémippes, considérées comme des demi-ânes ou demi-chevaux, ou encore du quagga, demi-cheval à moitié zébré. Ainsi que le questionne l'autrice Vera Eisenmann, paléontologue au Muséum national d'histoire naturelle et spécialiste de l'histoire évolutive des équidés: « Que dire de ces groupes à morphologie bâtarde? » Quelles relations phylogénétiques entre ces différents groupes d'équidés? Les « données modernes de la biochimie » (faisant référence aux travaux d'Higuchi) changent la donne, selon elle, et permettent d'envisager un changement de perspective évolutive par rapport à celle établie avec les critères anatomiques. Cependant, la chercheuse conçoit les séquences d'ADN comme des caractères parmi d'autres. Ses propres observations ostéologiques et dentaires la conduisent à rapprocher le quagga du zèbre de Burchell, tout à fait en accord avec les travaux de Rau. Elle suppose même que le quagga, lors de sa disparition, devait être en voie de spéciation, voire déjà une espèce à part entière. Ses analyses cladistiques de caractères crâniens et dentaires lui permettent d'obtenir un arbre généalogique des équidés, très différent de celui de Bennett. Les chevaux et le quagga auraient un ancêtre commun de plus de 3 millions d'années, leur proximité morphologique étant due à la persistance de caractères primitifs. Eisenmann craint qu'une importance prépondérante ne soit donnée aux indications déduites des comparaisons de séquences d'ADN par rapport à celles obtenues par les caractères anatomiques. Cependant, la paléontologie lui semble doublement privilégiée en matière de phylogénie ; elle seule peut étalonner les horloges biologiques et ce sont les études de fossiles qui permettent de tester les hypothèses phylogéniques.

Des développements des études d'Higuchi, en 1987, ont permis de réaliser un arbre phylogénétique uniquement à partir de séquences d'ADN mitochondrial[88]. Celui-ci est aussi en accord avec les résultats d'Eisenmann et de Lowenstein, obtenus avec des critères morphologiques. Des études morphologiques complémentaires n'ont pas permis de clarifier cette situation. L'une à partir de mesures crâniennes indique que le quagga est aussi différent du zèbre des plaines que celui-ci est éloigné du zèbre de montagne[89]. Une autre étude fondée sur l'étude des peaux et des caractères crâniens conclut en 2004 que le quagga et le zèbre des plaines sont très proches et propose, en accord avec les résultats de Rau, le quagga comme sous-espèce[90].

Une approche originale, avec l'objectif d'évaluer la diversité génétique du quagga à partir des spécimens restants, fut entreprise par Jennifer Leonard, généticienne des populations, afin de clarifier ses relations avec les autres zèbres en utilisant des méthodes de phylogénie moléculaire, ce qui n'avait pas été fait jusque-là, puisque seul l'échantillon récupéré par Rau sur le quagga du muséum d'histoire naturelle du Cap avait été utilisé jusqu'à présent. Les résultats concernant les ADN extraits de treize spécimens de quagga (onze peaux, une dent, un fragment osseux) provenant de différents musées d'histoire naturelle dont le fragment prélevé par Rau, parurent en 2005[91]. Ils montrèrent que la diversité génétique des quaggas testés était relativement faible, leur groupe étant ainsi très homogène. Ce résultat est très important car il indique que la variabilité phénotypique des quaggas, notamment au niveau des peaux (couleurs des robes et rayures), identifiée par Rau, n'est pas sous-tendue par une forte diversité génétique, en tout cas telle qu'évaluée par Leonard. Les résultats indiquent aussi que ce groupe de quaggas est distinct génétiquement de celui formé par les zèbres des plaines. Pour Leonard et ses collègues, *Equus quagga* aurait divergé du zèbre des plaines (*Equus burchelli burchelli*) il y a environ 120 000 à 290 000 ans, c'est-à-dire au Pléistocène, période de glaciations. La robe du quagga a dû évoluer assez rapidement, entraînant la perte de rayures et le développement d'une coloration sombre à l'arrière-train. Ainsi, l'évolution de la robe du quagga par rapport à celle du zèbre des plaines pourrait s'expliquer par l'influence de deux facteurs éventuellement combinés : réponse adaptative à un habitat plus sec ou perturbation du flux génétique due à un isolement géographique.

La comparaison des répartitions actuelle et passée des zèbres des plaines[92] montre une réduction globale des effectifs, une extinction totale au Burundi, au Lesotho et en Afrique du Sud. Les principaux facteurs identifiés de cette réduction sont la perte d'habitat, due aux développements des surfaces cultivées et à la fragmentation en petites populations d'animaux localisées dans des propriétés privées. Cette situation ralentit les flux de gènes, entraînant une diminution de la diversité génétique.

Pour conclure sur cette partie concernant la phylogénie du quagga, la position officielle actuelle du quagga dans la classification, reprise dans sa notice UICN*, est « sous-espèce du zèbre des plaines », la justification reposant sur les preuves génétiques[93].

Le Quagga Project

Comme déjà évoqué au début de ce chapitre, Rau dans sa jeunesse avait été enthousiasmé par les travaux des frères Lutz et Heinz Heck, qui projetaient de recréer des espèces disparues, par hybridation sélective de parents soigneusement choisis. Il mentionne, dans un texte retraçant la longue et difficile émergence du Quagga Project, qu'il s'était rendu compte bien plus tard que Lutz Heck avait, lui aussi, sérieusement réfléchi aux possibilités de faire revenir le quagga[94]. En effet, dans un récit de 1955 retraçant une expédition safari en Namibie et en Afrique du Sud, Lutz Heck indique dès l'introduction ses espoirs d'obtenir des renseignements à propos des rumeurs toujours persistantes de repérage de quaggas[95]. Ses espérances sont motivées par l'annonce de l'arrivée d'une délégation scientifique en provenance du muséum d'histoire naturelle de New York, pour une exploration intensive de la réserve d'Etosha, en Namibie, à la recherche de quaggas. Cette expédition lui rappelle la récompense de 30 000 marks offerte par un muséum allemand avant la Première Guerre mondiale pour toute information fiable concernant les quaggas. À plusieurs reprises pendant son voyage, Lutz Heck est contacté par des intermédiaires proposant de le guider jusqu'aux quaggas en échange d'argent

* L'UICN (Union internationale pour la conservation de la nature) est une organisation intergouvernementale dédiée à la protection de la biodiversité. Elle publie une liste de référence dans la communauté scientifique dite « liste rouge des espèces menacées ».

mais cela n'aboutit pas. Pendant son exploration, Lutz Heck passe de longs moments à observer les zèbres. Il se réjouit de la possibilité de les filmer et de les photographier, plutôt que d'avoir à les capturer et à les tuer pour ramener des peaux comme preuves scientifiques. Les techniques de la photographie et du film couleur lui paraissent extrêmement fiables dans le rendu des couleurs. Ses observations de la diversité des robes des zèbres (répartition des rayures et gradient de couleurs de fond de robe) inspirent Lutz Heck, qui suppute alors qu'il serait bien possible que des animaux obtenus par descendance naturelle puissent être similaires aux quaggas. Il lui semble donc que l'on pourrait aider cette sélection naturelle, avec des expériences de croisements entre zèbres à faibles rayures et obtenir rapidement, avec un peu de chance, des animaux possédant les caractéristiques du quagga disparu[96]. S'il rapporta, de cette expédition, nombre d'animaux vivants, dont des zèbres, par bateau en Allemagne, Heck ne mit jamais en route ce projet de croisements et de sélections.

Quant à Rau, dès ses premiers contacts avec le quagga, à son arrivée au Cap dans les années 1960, cette idée de programme de recréation par croisements émergea dans un coin de sa tête pour ne plus le quitter. Même si le Dr Haltenorth, spécialiste allemand des mammifères, qu'il rencontra à Munich, fut très surpris d'apprendre qu'un tel projet n'eût pas encore été entrepris en Afrique du Sud, il ne fut pas facile pour Rau de trouver des partenaires intéressés. En effet, contrairement au Dr Haltenorth, les nombreux scientifiques, zoologistes et naturalistes contactés par Rau, ne manifestaient qu'un enthousiasme poli pour le projet, tandis que certains directeurs de parcs nationaux trouvaient que cela relevait plus d'un projet de recherche académique que d'un projet de biologie de la conservation. Aucun en tout cas n'était prêt à développer un partenariat et encore moins à financer ne serait-ce qu'une petite partie de son projet. Rau semblait penser que son statut avait pu jouer en sa défaveur auprès des scientifiques. « Ne jamais faire confiance à un taxidermiste à propos de taxonomie* », avait-il confié, amer, à un journaliste[97].

Ce n'est qu'après le séquençage de l'ADN du quagga que les choses changèrent. D'une part, la confirmation, par les analyses biochimiques et moléculaires, que le quagga était bien une sous-espèce de zèbre des plaines, ainsi que Rau le pensait depuis ses analyses des peaux, le conforta fortement dans l'intérêt de son projet. Cela lui rappela, avec émotion, la pertinence de la proximité des anciens noms vernaculaires donnés par les colons : « quagga » pour les animaux du Karoo et « bonte quagga » pour les zèbres des plaines situés plus au nord. Ces noms étaient, selon lui, bien plus représentatifs des relations entre ces deux espèces que les appellations scientifiques plus récentes : *Equus burchelli* et *Equus quagga* qui formalisent une séparation nette d'espèce[98]. Pour Rau, le terme « quagga », utilisé pour toutes sortes de zèbres, avait dû empêcher sa singularisation en tant qu'animal faiblement représenté et potentiellement à risque. C'était, selon lui, l'une des causes principales d'extinction, certainement plus importante que l'extermination systématique et volontaire par les chasseurs, colons et fermiers du XIXe siècle.

D'autre part, Rau, fort de cette crédibilité scientifique fraîchement acquise donnant une pertinence actuelle à son projet, chercha avec un enthousiasme renouvelé de nouveaux partenaires. Un événement lui permit de débloquer la situation. En effet, un vétérinaire à la retraite, le Dr Warning, le contacta au cours de l'année 1985. Expert en élevage animal, en Allemagne et en Namibie, celui-ci était un ami de longue date de Lutz Heck, participant de l'expédition safari de 1955. Le Dr Warning fut un facilitateur très efficace, organisant des rencontres avec différents universitaires sud-africains mais

---

* Les taxidermistes sont considérés par les scientifiques comme des artisans, voire comme des artistes.

aussi avec des directeurs d'organismes gouvernementaux sud-africains impliqués dans la conservation de la nature. Cela permit l'obtention, par prêt, de terrains dans une ferme mise à disposition par l'association Nature Conservation. Rau, qui jusqu'alors avait tout organisé en son nom propre, négocia officiellement avec son employeur, le directeur du South African Museum. Il obtint ainsi le soutien du Museum, de concert avec celui de l'université du Cap et de Nature Conservation. La formalisation du projet, sous l'égide du muséum, impliqua la création d'un comité d'experts provenant de ces différentes organisations. Enfin, au printemps 1986, des zèbres furent proposés par la réserve naturelle d'Etosha. Il fut néanmoins assez difficile d'obtenir des animaux satisfaisants selon les critères de Rau, c'est-à-dire avec peu de rayures et une couleur de fond de robe la plus sombre possible[99]. Le projet démarra, tout de même, avec neuf animaux (quatre étalons et cinq juments) en mars 1987. Le premier poulain, Joxi, naquit en décembre 1988. Le nombre d'animaux augmenta au fil du temps, le projet se déployant sur différents sites. En 1997, la naissance du premier poulain de la seconde génération marqua une étape importante dans le développement du projet. L'année suivante, certains animaux du Quagga Project furent relâchés dans le parc national du Karoo dans le cadre d'une collaboration avec les parcs nationaux d'Afrique du Sud. Ce lâcher marqua une étape concrète importante dans la reconnaissance officielle de ce projet, à l'origine personnelle. Ce projet, que Rau avait eu tant de mal à monter, restait essentiellement soutenu de manière non officielle, même si le comité de départ comprenait des membres éminents de différentes institutions scientifiques et de conservations sud-africaines qui firent des contributions financières[100]. Une association de chasseurs, selon un journaliste du *New York Times*, aurait aussi participé au financement, afin de changer leur image de massacreurs[101], mais ni Barnaby ni Rau ne mentionnent ce point dans leurs écrits.

Depuis, le projet suit son cours, au rythme des naissances et du développement des générations. En 2006, Henry est une star du Quagga Project : en effet, les rayures de ce poulain s'arrêtent bien au niveau de la cage thoracique, laissant place à une robe uniforme, quoique plutôt jaune brunâtre[102]. Il reste donc encore à améliorer la couleur de la robe pour s'approcher des quaggas de muséums. En 2008, lors du bilan des vingt ans du Quagga Project, le nombre d'animaux s'élevait à quatre-vingt-neuf zèbres sur douze lieux avec trois générations. En 2023, la cinquième génération est en plein développement. Le développement d'une méthodologie de comptage des rayures sur le corps, subdivisé en cinq zones, et d'évaluation de la couleur de la robe à partir de photographies a permis de suivre de près l'évolution des robes au cours des générations. Les résultats sont qualifiés de très encourageants, avec globalement une réduction importante des rayures et des tonalités sombres de robe[103]. Certains animaux présentent des caractéristiques bien plus proches du quagga que d'un zèbre des plaines typique[104]. Dans la conclusion d'un article présentant ce bilan, Harley, l'un des directeurs du Quagga Project, discute de la consanguinité, l'une des difficultés majeures inhérentes à ce type de projet impliquant des croisements successifs afin d'obtenir et de fixer une combinaison génétique particulière. Les générations de croisements consanguins peuvent avoir des conséquences sur de nombreuses caractéristiques des animaux : au niveau individuel (par l'apparition à l'état homozygote d'un allèle défavorable) mais aussi au niveau de la population avec, notamment, une perte de diversité génétique globale. Pour cela, il importe d'être attentif à chacun des animaux, de veiller à favoriser certains croisements, tout en conservant une population la plus importante possible. Harley indique que l'objectif principal du projet est sujet à controverse scientifique. Est-il possible d'obtenir un vrai quagga ? Certains naturalistes pensent en effet que, même si l'on obtient des animaux avec des rayures et des couleurs semblables au quagga, cela ne veut pas dire pour autant qu'ils auront toutes les caractéristiques des quaggas originaux. Selon Harley, le contre-argument est facile : nous ne pourrons jamais connaître toutes les caractéristiques des quaggas originaux puisqu'ils ont disparu. De manière pragmatique, seuls les caractères des peaux peuvent donc être utilisés. D'autant plus que les quaggas empaillés ont été très souvent remplis avec des ossements provenant de chevaux, d'ânes ou de zèbres, rendant impossibles les études approfondies sur ces autres caractères. La dénomination *Rau quagga* est ainsi rapidement adoptée pour désigner les animaux issus du Quagga Project à phénotype similaire aux quaggas ancestraux, c'est-à-dire ne présentant plus aucune rayure sur les pattes ni sur l'arrière du corps. Elle permet de couper court aux critiques et de mettre de côté la question de leur identité génotypique avec les quaggas de muséums. Peter Heywood, biologiste spécialiste du quagga, est convaincu qu'après l'épisode de la télégonie, le lancement du champ de l'ADN ancien, le quagga (ou plutôt le *Rau quagga*) contribuera encore au développement des sciences[105]. Les pistes évoquées concernent les relations entre rayures et thermorégulation chez les zèbres, les mécanismes d'attraction des mouches tsé-tsé, ou encore les effets d'adaptations, notamment via des analyses génomiques intensives de *Rau quagga* et de zèbres des plaines de régions plus ou moins arides.

Le Quagga Project est ainsi solidement implanté en Afrique du Sud depuis bientôt trente-cinq ans. Il est souvent présenté comme une aventure sud-africaine qui pourrait contribuer significativement au développement touristique du pays et notamment à cette région autour de la ville du Cap car les animaux sont visibles en différents lieux[106]. Barnaby note aussi que le Quagga Project résonne avec un mouvement global de la société sud-africaine après la fin de l'Apartheid, d'appropriation et de développement fort d'identité et de culture propre. L'intérêt des Sud-Africains pour ce projet ne tournerait pas tant autour de la recréation d'un animal que de retrouvailles avec leur zèbre local[107]. Cet aspect d'héritage culturel, de retour sur le sol africain, est toujours mis en avant dans les présentations actuelles du projet sur le site dédié et dans quelques rares reportages[108]. Si le Quagga Project n'est plus l'unique projet de recréation d'espèce, il est certainement le projet actuel le plus abouti et sans équivalent, aujourd'hui.

Autres projets de désextinction

Au début du XXe siècle, les frères Heck n'étaient pas les seuls dans l'empire austro-hongrois à s'intéresser au quagga. En effet, Antonius, directeur du zoo de Vienne entre les deux guerres et scientifique nazi, a écrit différents articles concernant les zèbres de Burchell et les quaggas. Il a d'ailleurs commissionné une peinture intitulée *The Extermination of the quagga*, réalisée par le peintre Franz Roubal (1889-1967) en 1931[109] (peinture que Rau a, des années plus tard, rachetée à sa fille[110]). Antonius était spécialiste de l'évolution des animaux domestiques et plus spécifiquement des équidés. S'il n'avait pas entrepris de projets concrets, il avait réfléchi aux possibilités, par des croisements contrôlés, de remonter aux animaux sauvages à l'origine des espèces domestiquées[111]. À sa suite, les frères Heck, chacun à leur manière, Heinz au zoo de Munich et Lutz au zoo de Berlin, ont tenté des cycles de sélection et d'hybridation à partir de bovins qui leur semblaient se rapprocher de leurs ancêtres sauvages, notamment les aurochs (*Bos taurus*), disparus depuis 1627. Leurs projets ont rencontré un certain enthousiasme auprès de scientifiques comme Eugen Fisher (1874-1967), professeur allemand de médecine et d'eugénique, mais aussi de responsables nazis, notamment Hermann Goering (1893-1946), attirés par le fantasme du retour d'animaux emblématiques de la puissance germanique[112]. À l'issue de la Seconde Guerre mondiale, ces projets se sont arrêtés ; néanmoins, il subsiste encore quelques descendants de ces animaux, faussement appelés « aurochs », exposés jusqu'à très récemment dans des ménageries peu scrupuleuses[113].

À la même époque, les frères Heck ont développé d'autres projets de recréation, concernant des tarpans, chevaux ancestraux européens – disparus eux aussi. Dans les années 1920, un projet similaire impliquant des chevaux polonais de type Konik était développé par le professeur Tadeusz Vetulani (1897-1952), de l'université de Poznan en Pologne. Beaucoup de débats, toujours en cours, ont eu lieu quant aux origines des chevaux européens. De nombreuses espèces et de nombreux groupes d'équidés ont été proposés comme organisme ancestral fondateur avec la question du marronnage (retour à l'état sauvage d'espèces domestiquées) qui hante toujours ces hypothèses. Cela conduit au cheval de Przewalski, qui a, au XXe siècle, lui aussi, suscité beaucoup d'intérêt. Espèce férale, domestiquée au Kazakhstan, il y a environ 5000 ans, et donc retournée à l'état sauvage, elle a été « redécouverte » en 1879 par le géographe russe Nikolaï Prjevalski (1839-1888). D'abord cantonnée à certains zoos et ménageries, cette espèce a connu plusieurs programmes de sauvegarde, si ce n'est de recréation (puisqu'elle n'a jamais été considérée comme disparue), permettant l'expansion de sa population[114]. Des études génétiques tentent d'élucider sa position phylogénétique et ses relations complexes avec les chevaux domestiques européens et leurs ancêtres[115]. D'autres programmes de réintroduction d'espèces de ruminants disparus en milieu sauvage dans leurs habitats natifs sont aussi en cours, comme le bison en Roumanie[116].

Pour d'autres organismes disparus, beaucoup de connaissances ont pu être acquises grâce à la combinaison de recherches utilisant des critères morphologiques et moléculaires sur de nombreux échantillons fossiles. Le moa constitue ainsi un cas d'étude emblématique de la pertinence de ces approches pluridisciplinaires[117]. Néanmoins, sans espèce proche apparentée encore implantée, les études n'ont pas débouché sur un projet de recréation, contrairement au quagga. En fait, plusieurs situations peuvent être le point de départ de « projets de désextinction », comme ils sont de plus en plus souvent appelés, selon si l'espèce est considérée comme complètement disparue, disparue seulement à l'état sauvage ou apparentée à des espèces vivantes. Par exemple, dans le cas de l'oryx d'Arabie, au moment du constat d'extinction dans la nature, puisqu'il restait quelques individus survivants en captivité, un projet de réintroduction de ces individus en milieu naturel au Moyen-Orient a été mis en place dans les années 1980[118]. L'histoire de la tourte voyageuse ou pigeon migrateur (*Ectopistes migratorius*) a des points communs avec celle du quagga. Spectaculairement disparue aux États-Unis à la fin du XIXe siècle, alors qu'elle était considérée comme l'espèce la plus abondante jamais vue sur Terre, sa dernière représentante, une pigeonne dénommée Martha, est morte dans sa cage en septembre 2014 au zoo de Cincinnati[119]. Elle est aujourd'hui le projet phare d'une start-up, Revive & Restore, qui présente sa réimplantation comme un levier fondamental pour augmenter la biodiversité globale des forêts américaines[120]. La stratégie envisagée consiste à modifier une espèce existante, ici le pigeon à queue barrée (*Patagioenas fasciata*), pour obtenir des individus identiques à la tourte voyageuse. La réalisation des modifications est prévue non pas à partir de croisements entre individus mais à l'aide de la méthode dite « des ciseaux moléculaires » (le fameux Crispr-Cas9), éditant des zones spécifiques du génome. Le projet comporte ainsi la mise au point de cette méthode sur des modèles oiseaux en parallèle avec des travaux de détermination des séquences génomiques à modifier par comparaison des génomes de la tourte voyageuse et du pigeon à queue barrée[121].

Enfin, un projet spectaculaire concerne le mammouth laineux qui, tout comme le moa, a disparu depuis longtemps, mais sa proximité avec les éléphants, notamment asiatiques, a motivé la firme américaine Colossal à développer ce projet de recréation. L'objectif déclaré est d'obtenir des éléphants résistants au froid, fonctionnellement équivalents au mammouth, notamment dans la capacité d'arrachage d'arbres, ce qui pourrait contribuer, selon les auteurs, à la restauration de la toundra arctique[122]. Les technologies envisagées impliquent aussi de l'édition génomique combinée avec clonage, fécondation, voire gestation *in vitro* pour aboutir à la création de ces hybrides mammouth-éléphant.

Ainsi, les projets visant à recréer des espèces disparues sont de plus en plus nombreux, proposés par toutes sortes d'organisations, associations, entreprises privées avec des objectifs affichés assez similaires. Les argumentaires et justifications scientifiques, sociétaux ou éthiques ont donc évolué au cours du temps.

Réception scientifique

Depuis bientôt quarante ans que les premiers fragments d'ADN du quagga ont été séquencés, les questionnements et réflexions scientifiques concernant les possibilités de faire revivre des espèces disparues ont évolué au fur et à mesure de la structuration du champ de l'ADN fossile. Dès la fin des années 1980, les réflexions se sont focalisées sur les possibilités scientifiques et techniques. Les problèmes prioritaires à résoudre, mentionnés par les scientifiques, concernaient essentiellement les étapes techniques (extraction, amplification, séquençage de l'ADN) pour aboutir à la détermination des séquences génomiques de l'espèce disparue. Il fallait être capable d'extraire de l'ADN nucléaire d'échantillons biologiques issus de conditions aléatoires de préservation*. Par

* Le taux de dégradation des molécules d'ADN dépend des conditions environnementales.

conséquent, une des premières critiques concernait la qualité des acides nucléiques de ces échantillons. La découverte d'échantillons conservés dans de l'ambre a donné beaucoup d'espoir et de certitudes de ce côté, car cela s'est avéré un excellent milieu de conservation des tissus biologiques[123]. Ensuite, il fallait parvenir à amplifier l'ADN, à partir de petites quantités, et à le séquencer. La mise au point de la PCR avec ses nombreuses améliorations techniques a permis cette prouesse. Une première étape concernant le séquençage avait été franchie avec les travaux du Prix Nobel de chimie Frederick Sanger (1918-2013). Les développements techniques ultérieurs couplés à une robotisation ont permis de fortes baisses des coûts et des gains de temps qui aboutirent au séquençage de routine de génomes entiers, réalisés aujourd'hui. À partir de 2005, la possibilité de déterminer des séquences d'ADN nucléaire ancien, présent en bien moins grande quantité que l'ADN mitochondrial, a été une étape importante pour la crédibilité de ces travaux, de pair avec la diversification des sources d'échantillons permettant de croiser les résultats[124].

Un autre problème, énoncé précocement, concerne la contamination par des ADN exogènes, provenant d'autres organismes vivants, qu'ils soient anciens eux aussi (du moustique qui avait piqué le dinosaure) ou bien récents (du chercheur réalisant les expériences d'amplification). Comme cela a déjà été évoqué en début de chapitre, ces contaminations ont été partie intégrante du développement du champ de l'ADN ancien et ont pu être circonscrites.

Les stratégies envisagées à cette époque pour la conservation des espèces, par ce champ balbutiant, sont présentées dans un article de Leonard de 2008[125]. Concernant les espèces en danger, il apparaît alors difficile d'estimer la diversité génétique des populations d'origine et de déterminer comment orienter les croisements pour obtenir de nouvelles populations combinant base génétique large, forte plasticité et capacités d'adaptation. L'utilisation de données de séquences d'ADN ancien (issues de populations disparues) semble alors une solution pour obtenir les informations permettant de guider et d'encadrer les procédures de conservation. Cela permettrait de prendre des décisions éclairées dans les programmes de croisement en captivité, notamment concernant le choix des parents afin d'éviter les deux écueils classiques : dépression de consanguinité ou, au contraire, dépression hybride*. La stratégie prédominante dans les réflexions n'est pas celle qui sera mise en œuvre avec le quagga, les scientifiques envisagent plutôt une recréation d'espèces disparues en utilisant des approches biotechnologiques dont le clonage. Dans les années 1980, la question du clonage est un fantasme pur, mais cela change rapidement, avec la mise au point de méthodes de transfert de noyau dans des cellules reproductrices et le développement de l'insémination artificielle chez les mammifères. L'aboutissement de ces travaux est concrétisé par la naissance de la brebis Dolly, en 1996. Elle est en effet issue d'une cellule œuf constituée d'un noyau, issu d'une cellule de glande mammaire d'une brebis de 6 ans, qui a été transférée dans un ovule non fécondé et énucléé (c'est-à-dire dont le noyau a été retiré). Le développement de l'embryon a été ensuite assuré dans l'utérus d'une mère porteuse.

Cloner un organisme nécessite donc comme point de départ de posséder un noyau d'une cellule ou à défaut de déterminer entièrement son génome nucléaire. Plusieurs approches sont considérées pour l'obtention physique du génome nucléaire : transfert de noyaux, reconstruction chromosomique et transfert et remplacement synténiques,

* La « dépression » dans ce cas signifie que les descendants sont moins résistants aux stress biotiques et abiotiques que leurs deux parents. Cela se produit soit lorsque les parents sont trop proches génétiquement (dépression de consanguinité), soit lorsqu'ils sont trop éloignés génétiquement (dépression hybride).

c'est-à-dire de certains gènes, dans un organisme modèle[126]. Le transfert de noyaux apparaît très hypothétique car la probabilité d'isoler un noyau entier bien préservé sur des tissus anciens est extrêmement faible. Les meilleurs espoirs reposent sur les spécimens congelés, comme les mammouths enfouis dans le permafrost. La reconstruction de chromosomes entiers est encore techniquement un défi de longue haleine. Le remplacement synténique apparaît alors comme le plus réaliste à condition de choisir un organisme proche de celui disparu et de bien évidemment sélectionner de manière pertinente les gènes à remplacer. C'est d'ailleurs cette approche qui est envisagée aujourd'hui dans le projet du mammouth laineux de la société Colossal. Les critiques actuels de ce projet indiquent que, même si le génome du mammouth est proche à 98 % de celui de l'éléphant (soit du même ordre que la proximité entre l'Homme et le chimpanzé), le nombre de bases de l'ADN à modifier reste quand même de 60 millions[127]. Pour cela, il faut des techniques très puissantes d'édition du génome. Même si les ciseaux moléculaires peuvent être améliorés pour aller vers cette identité génétique, cela restera juste une illusion d'identité. En effet, l'épigénétique* n'est pas encore ici prise en compte, ni les interactions environnementales complexes qui participent à la constitution d'un organisme. Reconstitutions phénotypique et génotypique apparaissent alors comme des perspectives encore très lointaines, ouvrant vers des questionnements plus théoriques. Un problème est ainsi posé de manière très intéressante, dans le cas du quagga, en 2006[128] : quelle est la probabilité que des croisements entre zèbres puissent retracer le chemin de la sélection naturelle par lequel le quagga s'est séparé du zèbre des plaines,

* L'épigénétique est l'étude des changements de l'activité des gènes, sans modification de la séquence d'ADN, qui peuvent être transmis au cours des divisions cellulaires.

il y a plus de 100 000 ans ? Quels critères prendre en compte pour évaluer les similarités (ce qu'Oliver Ryder appelle « *quagga-ness* », un terme qui pourrait être traduit par « la touche quagga »)? Il y a tellement de caractéristiques qui peuvent être prises en compte comme l'attitude, l'agressivité, les comportements sociaux, l'alimentation, la reproduction. Dans quelle mesure, les termes de « recréation » ou de « désextinction » sont-ils adaptés pour caractériser ces projets ?

Des considérations plus larges concernent les possibilités d'étudier l'évolution en marche, la création de nouvelles disciplines et champs de recherche avec des rapprochements entre biologie moléculaire et paléontologie qui sont bienvenus pour certains, bien peu sérieux pour d'autres. Le développement rapide de la biologie moléculaire qui s'est infiltrée dans les disciplines classiques, comme la botanique ou la paléontologie, n'a pas été sans créer d'inquiétudes auprès des chercheurs bien établis, avec une excellente maîtrise des techniques traditionnelles de leur discipline. Ils se sentaient menacés par les approches moléculaires, susceptibles de remettre en question leurs travaux. Des inquiétudes émergent aussi à propos du positionnement scientifique : la recréation d'espèce apparaît, pour certains, bien trop exotique ou trop spéculative. Le Extinct DNA study group a fait l'objet de fortes critiques, le projet semblant trop spéculatif, sans preuves d'authenticité ; les premiers membres ont ainsi eu beaucoup de mal à recruter d'autres scientifiques pour élargir le groupe[129]. Pour certains, ces projets sont préjudiciables car ils brouillent les délimitations entre la science et la spéculation. La science – ou plutôt le questionnement scientifique – se trouve à la frontière de ce qui est connu et ne doit pas être confondue avec ce qui est purement spéculatif, issu d'hypothèses non étayées ou à probabilité trop faible. La frontière est floue, dépendante du jugement de chacun : très prudent, réservé ou plus confiant... S'expriment des tensions entre le doute scientifique, l'exploration de nouveaux problèmes et de nouvelles frontières et la spéculation, le manque de réalisme ouvrant la voie vers la science-fiction. Il y a aussi régulièrement des doutes exprimés sur la pertinence, le bien-fondé, voire le questionnement éthique du projet. Ce questionnement éthique apparaît en science lorsque l'on se retrouve dans une situation inédite pour laquelle il n'y a pas d'évidence sur les conséquences, qu'elles soient positives ou négatives. C'est bien l'évolution des technologies de réanimation dans les années 1970, rendant possible le maintien en coma végétatif, qui a entraîné les débats éthiques sur la fin de vie. Il en va de même pour la recréation d'espèce, rendue possible par des technologies émergentes. Par exemple, le texte de la page d'accueil du Quagga Project indique que son objectif est de rectifier une erreur tragique commise il y a plus de cent ans à cause de l'appât du gain et de visions à court terme. Mais tous les scientifiques n'envisagent pas les projets de recréation comme de simples réparations d'erreurs, certains les perçoivent plutôt comme des erreurs à ne pas commettre. Ce qui est intéressant, c'est que les dinosaures semblent avoir été un point d'entrée commun au grand public et aux scientifiques concernant les questionnements éthiques sur la recréation d'espèces. Dans les années 1970, un mouvement, appelé « Dinosaur Renaissance », se développe avec un intérêt à la fois scientifique et populaire très fort qui a perduré tout au long des années 1980. Le scénario de *Jurassic Park*, œuvre de Michael Crichton, transposé en film par Steven Spielberg a été imaginé assez tôt. Une séquence clé du scénario, plutôt improbable, commence par des scientifiques trouvant un morceau d'ambre contenant un moustique fossilisé. Celui-ci, ayant piqué un dinosaure, aurait ingéré quelques-unes de ses cellules sanguines avec de l'ADN nucléaire, des globules blancs précisément, qui seraient donc préservées. Dans les articles de presse à la sortie du film, en 1993, la question de la recréation d'espèces éteintes, ici le retour des dinosaures, créatures fascinantes et très menaçantes pour l'Homme, est présentée clairement comme une manière de pointer les dangers des avancées scientifiques. Les références à la créature de Frankenstein sont multiples. Spielberg lui-même est présenté comme ayant voulu faire de l'aspect dualiste des activités scientifiques (positif mais aussi dangereux) l'un des thèmes de *Jurassic Park*. Néanmoins, Crichton indique qu'il est surpris que cet aspect critique, voire antiscience, n'ait pas été davantage relevé par les médias et le public car ce sont des thèmes profonds de son travail. Son enthousiasme pour la science s'accompagne d'une inquiétude concernant le scientisme ambiant et la non-considération des problèmes que la science ne peut résoudre[130]. Dans *The Guardian*, dix ans plus tard, un journaliste revient sur les aspects techniques à l'époque invraisemblables de l'intrigue de *Jurassic Park*, en indiquant que la réalité est en bonne voie de rattraper la fiction, puisque des ADN anciens de plus en plus âgés sont analysés[131]. Si ce rythme se maintient, l'ADN de dinosaures devrait pouvoir être bientôt séquencé. Ludovic Orlando indique en 2005, dans son livre *L'anti-Jurassic Park*, que le principe sous-jacent de *Jurassic Park* lui semble dangereux car il déforme et finalement empêche complètement la prise de conscience écologiste ou plutôt l'idée que certaines actions humaines sont irréparables, en insinuant que, puisque l'Homme est capable de faire revenir des espèces, cela n'est pas un problème si certaines disparaissent[132]. Pour Vincent Devictor, chercheur en écologie, tout projet de désextinction correspond à un « fantasme, celui de maîtriser l'existence des espèces » et cela ne lui apparaît pas comme « une avancée vers la protection de la nature[133] ». La démarche même semble renforcer la « sensation de toute-puissance » de l'Homme, « maître et possesseur de la nature » selon Pierre-Henri Gouyon, biologiste spécialiste de l'évolution, ce qui est à contre-courant des nécessités actuelles face à la crise de la biodiversité[134].

6

LE QUAGGA INTÈGRE L'HISTOIRE DES SCIENCES

Pour terminer cette enquête, retracer l'apparition de la saga du quagga en histoire des sciences s'avère indispensable. De fait d'histoire naturelle, pour reprendre l'expression de Lord Morton, il est passé à fait scientifique, puis, après avoir été discrédité et oublié, à fait historique lorsque deux historiens des sciences réputés, Burkhardt et Gould, s'en sont emparés dans les années 1980. Leurs analyses se sont focalisées sur la résolution de ce cas par la science expérimentale.

Le XIXe siècle, selon l'historien britannique Edward Carr (1892-1982), fut une période faste pour les faits car le travail des historiens consistait alors à montrer comment les événements se sont passés. Les historiens positivistes instaurèrent une démarche d'explication en deux temps : vérifier les faits, puis en tirer des conclusions. Cette vision de l'histoire était tout à fait en accord avec la tradition empiriste anglaise[1]. Les faits s'imposent à l'observateur de l'extérieur, indépendamment de sa conscience. Selon Carr, cela correspond à la perception de sens commun de l'histoire : un corpus de faits. Les faits sont ainsi à la disposition de l'historien, dans les archives et les objets anciens, qui les collecte, les rapporte chez lui, puis les cuisine et les sert dans le style qui lui convient. Au tournant du XXe siècle, une nouvelle philosophie de l'histoire apparaît, comme le déclare l'historien américain Carl Becker (1873-1945) : « Les faits historiques n'existent pas, ce sont les historiens qui les créent », et l'historien anglais Collingwood (1889-1943) renchérit : « Le processus de reconstitution de l'historien régit la sélection et l'interprétation des faits ; c'est ainsi qu'ils deviennent des faits historiques[2]. » Les faits ne sont plus à disposition de l'historien, comme sur un étalage. Ils sont comme des poissons dans l'océan que l'historien, avant de cuisiner, doit pêcher. Ce qu'il va attraper dépend de sa stratégie de pêche, du lieu qu'il choisit. Il prend les faits qui l'intéressent et les interprète selon ses convictions, construisant ainsi un narratif. L'historien du XXe siècle doit veiller à trouver un équilibre ; le scepticisme et le relativisme n'étant pas loin, il ne peut plus y avoir de vérité historique dite « objective ». Si l'historien sans ses faits est futile et sans racines, les faits sans leurs historiens sont morts et sans signification.

Pour revenir au cas du quagga, cette première définition semble faire écho à celle donnée dans le champ scientifique, où la méthode scientifique comportait une simple accumulation de faits sur la nature[3]. Au XXe siècle, les faits ne sont plus perçus comme indépendants de l'esprit humain. Le processus par lequel un simple fait est transformé et devient un fait scientifique (ou historique) commence quand un scientifique (ou un historien) l'utilise. La façon dont cette utilisation est acceptée par d'autres scientifiques (ou historiens) comme valide et significative consolide son état. Son statut de fait historique va alors dépendre de questions d'interprétations et de validations. Cette importance des chaînes d'individus relayant ces faits et leurs différentes manières de le faire, convaincantes ou non, peut être mise en parallèle avec celle vue pour l'établissement de la crédibilité au XIXe siècle en science et encore aujourd'hui d'ailleurs[4]. Ces chaînes de transmission apparaissent à la fois impressionnantes et fragiles. Que se serait-il passé si Sir Everard Home n'avait pas été intéressé par l'histoire du quagga de Lord Morton ? S'il n'en avait pas parlé dans ses cours, ni commandé de tableaux auprès d'Agasse ?

Les faits qui sont pertinents et ceux qui ne le sont pas, dans un champ scientifique donné, sont dépendants de l'état de développement de ce champ[5]. Les premières interprétations sont toujours cruciales, dans le sens où elles façonnent le cadre de travail et orientent les futures recherches, même si, bien entendu, elles peuvent être fallacieuses. Il peut être ainsi extrêmement difficile voire impossible de proposer d'autres interprétations[6]. Le processus d'interprétation de chaque historien est dépendant de sa sagacité et de sa conscience qu'il ne peut voir le passé et le comprendre qu'avec les yeux du présent. Néanmoins, la proposition de John Gaddis, historien américain, de considérer que les historiens cartographient le passé me semble une bonne manière d'envisager comment leurs différents travaux contribuent à localiser et analyser les faits[7]. En développant cette analogie de cartographie, les interprétations pourraient nous permettre de trianguler et de préciser la position des faits, non seulement dans le temps et l'espace mais aussi dans de grands narratifs. La triangulation du quagga s'avère hasardeuse car il y a peu de contributions historiques à son sujet. Néanmoins, risquons-nous à tracer un croquis de sa trajectoire en histoire des sciences. Les premières coordonnées temporelles identifiées indiquent un démarrage au XXe siècle.

De fait d'histoire naturelle à fait historique

Les débuts du quagga en histoire des sciences ont été difficiles. Ce cas était le plus souvent absent des histoires classiques de la génétique, comme celle du zoologiste Ernst Mayr (1904-2005)[8]. Quand l'anecdote était mentionnée[9], c'était pour souligner son absurdité et comme un exemple frappant d'erreur de jugement retardant la grande marche inéluctable du progrès scientifique dans des narratifs de courant historiographique Whig*. Néanmoins, en 1964, dans un article de recherche sur l'histoire de l'hérédité, l'auteur et historien des sciences Conrad Zirkle (1895-1972) discute les travaux des prédécesseurs de Mendel avec bienveillance en indiquant qu'il est inutile de juger si sévèrement les scientifiques du passé puisqu'ils étaient forcément ignorants de ce qui allait être découvert plus tard. Les théories de la pangenèse de Darwin et de la télégonie lui semblent ainsi tout à fait logiques pour l'époque et sont, à ses yeux, magnifiquement illustrées par le fameux cas du quagga de Lord Morton[10]. Le tournant significatif a lieu cependant en 1979, lorsque Burkhardt, historien de la biologie et de l'évolution, publie un article intitulé « Fermer la porte sur la jument de Lord Morton » dans une revue américaine d'histoire de la biologie. Il plaide pour que le cas de la jument de Lord Morton entre en histoire des sciences, car il permet de mieux comprendre les premiers développements des théories de l'hérédité mais aussi, en abordant un point de vue épistémologique, de réfléchir aux attitudes à adopter face aux anomalies de la science normale selon Kuhn, situations concernant tous les scientifiques. Burkhardt trace un premier itinéraire historique, bien documenté du cas de la jument de Lord Morton tout au long du XIXe siècle, s'attardant sur les intérêts de Darwin pour ce cas, la position embarrassée de Weismann définissant la télégonie et le travail expérimental d'Ewart. Il qualifie, de manière provocante, le cas du quagga de triple perdant : la biologie moderne le rejette complètement ; il n'a aucune place dans les narratifs sur l'hérédité pré-1900 ;

* Le courant historiographique Whig conçoit le récit du développement de la science comme une progression inéluctable réalisée par des grands hommes scientifiques, allant de succès en succès, vers le progrès, source de bonheur des humains (en négligeant les erreurs, les fausses théories).

enfin il implique une espèce disparue. Gould rebondit sur l'article précurseur de Burkhardt, développant des analyses encore plus épistémologiques, le cas devenant alors une fable morale pour les scientifiques, notamment sur la nature des faits[11]. Le cas du quagga apparaît ensuite toujours succinctement dans quelques rares articles de recherche sur l'histoire de l'hérédité, avec quelquefois une illustration du quagga et toujours le lien explicite avec Darwin[12]. Un changement important s'opère par la suite. Au XXIe siècle, dans l'ouvrage d'Endersby, historien de la biologie qui retrace l'histoire des grands développements de la biologie moderne, de la science de l'hérédité et de la génétique depuis le début du XIXe siècle, via les organismes modèles utilisés dans de nombreux travaux, moins connus que les célèbres petits pois de Mendel, le quagga de Lord Morton occupe une place de choix : le premier chapitre[13]. Ce courant historiographique, centré sur les organismes modèles* plutôt que sur les chercheurs impliqués dans les découvertes, s'est développé à partir de travaux comme ceux de l'historien des sciences Robert Kohler sur le rôle des drosophiles dans le développement de la génétique[14]. Endersby utilise le cas du quagga pour montrer aux lecteurs les conceptions et les questionnements sur l'hérédité du XIXe siècle.

Ces premiers travaux historiques sont centrés sur le quagga de Lord Morton, mais bien d'autres épisodes des aventures du quagga peuvent alimenter des questionnements historiques et/ou épistémologiques.

---

* Un organisme modèle désigne un organisme étudié pour comprendre des processus biologiques, en supposant qu'ils fonctionnent de la même manière dans d'autres organismes plus complexes. Par exemple, souris, cobaye, chimpanzé sont de bons organismes modèles pour comprendre les processus humains.

Réflexions sur l'évolution des concepts en hérédité et génétique

L'apparition du quagga dans des travaux d'histoire de l'hérédité et de la génétique dans la seconde moitié du XXe siècle est certainement liée aux changements de considération sur les manières dont les idées sur l'hérédité ont évolué dans l'histoire. En effet, de nombreuses histoires de la génétique soit démarraient directement avec Mendel, soit remontaient aux sources du mendélisme en incluant souvent Darwin et les premiers hybrideurs comme Joseph Kœlreuter (1733-1806) et Charles Naudin (1815-1899)[15]. Tout autre élément ne semblait pas digne de figurer dans ces généalogies de la génétique, comme le souligne l'historien Peter Bowler : « Les mythes et les contes de vieilles femmes ne faisaient qu'obscurcir un sujet qui, par sa nature, était extrêmement complexe[16]. »

Néanmoins, d'autres genres d'enquêtes historiques se sont développés au XXe siècle qui cherchent à mettre au jour les lents processus de construction du concept d'hérédité[17]. Ainsi, l'usage et le sens accordés à certaines notions émergentes dans différents champs, comme la médecine, l'histoire naturelle, le droit, l'élevage, l'anthropologie, les théories de la génération, sont mis à jour, révélant, comme Rheinberger et Müller-Wille les nomment, des espaces épistémiques. Ces idées sur l'hérédité sont répertoriées et analysées dans différents contextes, comme dans les travaux de l'historien John Waller, consacrés à la société et à la science victoriennes, ceux du philosophe et historien Carlos Lopez-Beltran sur les médecins français au XIXe siècle ou encore les travaux de l'historien biographe de Mendel, Vitezslav Orel (1926-2015), sur les éleveurs de moutons de la région de Brno, aujourd'hui située en République tchèque[18]. Burkhardt allait déjà timidement dans cette direction quand il écrivait : « L'importance de l'histoire de la télégonie pour l'histoire générale des sciences ne devrait pas être sous-estimée. L'essor et la chute de la télégonie ne constituent pas un épisode majeur de la biologie du XIXe siècle. Néanmoins, l'histoire de la télégonie est un formidable aide-mémoire que la pensée scientifique a suivi des chemins de développement très diversifiés. » Pour lui, « la répudiation du fait singulier rapporté par Lord Morton est un petit mais significatif pas vers le resserrement des préoccupations lié à l'émergence des théories modernes de l'hérédité[19] ».

Après la découverte de la théorie cellulaire, à la fin du XIXe siècle, les biologistes ont souvent proclamé que la cellule était la clé de compréhension de tous les problèmes biologiques[20] ; les historiens des sciences interprétant la résolution du cas du quagga ont eu tendance à faire de même. Burkhardt est tout à fait dans cette lignée quand il affirme que c'est la théorie de la lignée germinale de Weismann qui a entraîné le discrédit du cas du quagga. Gould l'a suivi dans cette interprétation : « La télégonie a disparu quand une nouvelle théorie de l'hérédité a émergé et l'a exclue. » En effet, la télégonie faisait partie du grand débat sur l'hérédité des caractères acquis qui a été très fortement remis en cause par la théorie de la lignée germinale. Mais, selon moi, l'élucidation scientifique du cas du quagga résulte de la combinaison de trois facteurs : les expériences de croisement mises en œuvre par Ewart, les explications par le mécanisme de réversion et les bonnes connaissances des transmissions des couleurs et motifs des robes des quadrupèdes. Pour revenir à Weismann, il a pris en compte la télégonie dans sa théorie, en proposant une explication qui n'était pas nouvelle ; il a restreint la modification des organes reproductifs de la femme aux cellules germinales. Les apports fondamentaux de Weismann ont été de donner une reconnaissance scientifique à ce phénomène avec ce nom pompeux de « télégonie », entraînant la nécessité d'un examen scientifique rigoureux. Ainsi que l'historien Jan Sapp le formule : « Aucun autre théoricien cellulaire n'a formulé autant de propositions conceptuelles et n'a autant motivé les scientifiques à les tester dans leurs laboratoires[21]. » Le cas du quagga a été résolu par des expériences d'hybridation et de croisements analysées en utilisant le principe de réversion, combinées à une compréhension de la transmission des couleurs chez les équidés et une interprétation des résultats des croisements de chevaux. Cette résolution montre l'importance d'une autre source d'émergence de l'hérédité moderne que sont les croisements et les sélections en élevage.

Nouveaux développements télégoniques ?

Comme nous l'avons vu au chapitre 4, les résultats des expérimentations d'Ewart entraînèrent une clôture des discussions à propos de la télégonie. Néanmoins, après la Seconde Guerre mondiale, pendant le développement rapide de la biologie cellulaire et moléculaire, quelques publications scientifiques retracent des recherches tentant de démontrer l'impossibilité ou la possibilité de la télégonie. Ainsi, publiée dans la revue *Nature* en 1959, une série d'observations conclut à la persistance de têtes de spermatozoïdes dans les trompes de Fallope, alors qu'elles ne sont plus observées dans les tissus utérins de certaines espèces, comme les chauves-souris, les lapines et les hérissonnes[22]. L'auteur indique qu'il faut poursuivre ce type d'observations pour éliminer les artéfacts expérimentaux (phénomène créé de toutes pièces par les conditions et méthodes) et s'assurer de leur solidité. L'incorporation de spermatozoïdes dans les tissus féminins pourrait avoir des conséquences immunologiques et génétiques très importantes. Selon l'auteur, les rares recherches sur la télégonie ont été réalisées essentiellement par des scientifiques russes et pourraient présenter de nombreux artéfacts. La même année, une autre recherche ayant l'objectif de tester de nouveau la télégonie est publiée[23]. Le postulat est que la découverte récente de l'ADN et les travaux récents sur les recombinaisons possibles entre ADN ouvrent de nouvelles possibilités d'explication des phénomènes télégoniques. En effet, lors du coït, des millions de spermatozoïdes étant déposés dans le corps, leur ADN pourrait être absorbé par les tissus environnants et influencer ensuite les gamètes femelles[24]. Néanmoins, les expériences présentées impliquant des rates et des drosophiles n'ont donné aucun résultat en faveur de la télégonie. Cinquante ans plus tard, en 2013, dans le journal *Gene*, un article du chercheur chinois Liu combine curieusement éléments historiques sur la télégonie et connaissances de biologie moléculaire pour proposer de nouvelles pistes d'explications, comme le passage de gènes ou d'ARN du fœtus dans le sang maternel qui pourrait perdurer après la grossesse[25]. Cependant, encore une fois, aucune preuve expérimentale n'est apportée. Par ailleurs, les connaissances concernant le microchimérisme ont beaucoup progressé après les années 2000[26]. Ce phénomène correspond à la présence de cellules génétiquement distinctes dans le même organisme ; l'une des sources du microchimérisme est la grossesse. Au cours de celle-ci, des cellules de la mère peuvent migrer dans l'organisme du fœtus (microchimérisme maternel) et inversement (microchimérisme fœtal). Les cellules migratrices peuvent disparaître rapidement après la grossesse ou persister pendant des décennies. Ce sont des cellules souches qui peuvent s'ancrer dans presque tous les organes. Les différentes études indiquent qu'un effet protecteur de ces cellules pour la santé de la mère est observé dans certains cas, mais qu'elles peuvent être associées au développement de pathologies, notamment auto-immunes, chez la mère[27]. Ce phénomène de microchimérisme constitue un cas d'hérédité maternelle non mendélienne ainsi que d'hérédité cytoplasmique et implique des processus épigénétiques reposant sur la transmission de macromolécules et d'organites cellulaires (mitochondries). Des techniques sont en cours de développement pour pouvoir identifier plus précisément la provenance des cellules : fœtus mais aussi jumeau non viable, fausses couches antérieures ou précédents enfants. D'autres pistes de sources du microchimérisme incluent l'allaitement maternel et l'hypothèse des rapports sexuels est soulevée[28]. Si pour l'instant aucun article n'établit de liens entre ces mécanismes et des explications de certaines formes de télégonie, nous pouvons imaginer comment le cas du quagga pourrait être expliqué en ayant recours au microchimérisme.

Dans un autre registre, la démonstration de mécanismes de superfétation est réalisée chez la hase, femelle du lièvre, qui présente deux cornes utérines indépendantes, ce qui permet de porter deux séries de fœtus à des stades différents de développement[29]. Ce mécanisme semble présent chez d'autres animaux comme le vison, le blaireau et peut-être aussi chez la chatte mais exclu chez la jument.

Microchimérisme et superfétation constituent ainsi deux pistes potentielles pour relancer les explications scientifiques de la télégonie, sinon du cas de la jument de Lord Morton. Curieusement, la télégonie est aujourd'hui encore évoquée parfois par certains éleveurs de chiens[30]. Concernant les humains, les articles dans des journaux généralistes sont encore plus rares et appartiennent le plus souvent aux sphères de mouvements extrémistes comme le Ku Klux Klan, les néo-nazis ou plus récemment dans certaines communautés russes orthodoxes. Dans ces articles, la télégonie est liée à des positionnements moraux valorisant la virginité de la femme avant le mariage[31].

Femelle du quagga

Dans cet ouvrage, il a souvent été fait mention du quagga de Lord Morton mais l'article de Lord Morton est centré sur sa jument et sa progéniture. Tout au long du XIXe siècle, il s'agit d'éclaircir comment la jument a pu produire ses poulains et pouliches avec l'étalon noir, et le quagga est relégué en arrière-plan.

Le changement décisif d'appellation pour désigner l'anecdote, le passage de « la jument de Lord Morton » au « quagga de Lord Morton », a eu lieu avec Gould en 1981, dans un article intitulé « Quaggas, huîtres spiralées & faits fragiles ». D'une part, il est intéressant de remarquer que Gould prend des libertés fortes à partir de l'article de Morton puisqu'il décrit l'auteur comme un généreux comte qui espérait sauver l'espèce en la domestiquant. Mais ce qui m'intéresse ici, c'est le fait qu'il commente l'anecdote avec un gros plan sur le quagga. En fait, ce déplacement semble symptomatique de changements d'attitude et de posture envers les animaux. Au XIXe siècle, les chevaux faisaient partie intégrante de la vie quotidienne des humains, c'étaient des instruments permettant d'alléger le travail, souvent indispensables pour un grand nombre de tâches. Même si, à l'époque victorienne, beaucoup ont exprimé leur attachement émotionnel et affectif pour leurs chevaux, les préoccupations centrales concernaient les manières de les domestiquer, de les contrôler et de les employer[32]. Le quagga disparu dans les années 1880 est devenu depuis une des espèces emblématiques, quoique discrète, des mouvements de conservation de la nature[33]. Ce déplacement est lié à la nostalgie envers les espèces disparues et à la prise de conscience des impacts négatifs du développement humain sur les animaux. Les préoccupations s'orientent alors vers la protection et la libération des animaux. Cette notion était déjà présente à la fin du XIXe siècle, comme nous l'avons vu au chapitre 1 : un article du *New York Times*, en 1887, pointait la responsabilité humaine en incriminant son pouvoir destructeur dans la disparition du quagga. Mentionner le quagga aujourd'hui attire tout de suite l'attention, cela fait partie de la construction d'un narratif orientant le lecteur dans une direction particulière. Un parallèle est possible avec les dérivations des éleveurs au XIXe siècle. Cela transparaît dans les motivations attribuées à Lord Morton, par Gould, de vouloir sauver l'espèce que l'on retrouve dans d'autres articles[34]. Demain ou aujourd'hui déjà, Lord Morton sera-t-il présenté comme ayant capturé le dernier quagga sauvage et l'ayant ramené en Écosse pour tenter le croisement de la dernière chance afin de sauver l'espèce ? Le déplacement vers le quagga plutôt que la jument est aussi une manière d'attirer l'attention sur l'utilisation des organismes vivants en expérimentation biologique. Cette autre direction est prise par Endersby lorsqu'il désigne le quagga comme le premier animal impliqué dans le développement de la génétique. Les arguments d'Endersby sont assez convaincants : si le quagga n'était certainement pas un organisme modèle, un instrument de laboratoire, il a cependant accompagné l'évolution des idées sur l'hérédité tout au long du XIXe siècle[35].

Rôle de la femme dans la conception

Dans un chapitre intitulé « La tache (ou tare) du quagga », l'historienne Nancy Harrowitz pointe qu'à la fin du XIXe siècle, l'histoire du quagga était devenue presque ce que l'on pourrait appeler un thème littéraire, particulièrement dans la littérature italienne, utilisé par des auteurs comme Italo Svevo (1861-1928), Luigi Capuana (1839-1915), Gabriel d'Annunzio (1863-1938) ou encore Otto Weininger (1880-1903)[36]. L'histoire du quagga a, en fait, séduit des écrivains dans toute l'Europe : Émile Zola (instruit du cas par Prosper Lucas, voir le chapitre 4) pour la France, August Strindberg (1849-1912) pour la Suède et Henrik Ibsen (1828-1906)[37] pour la Norvège. La théorie que le quagga représente est selon Harrowitz très simple : la descendance d'une femelle est pour toujours influencée par son premier partenaire. Harrowitz discute ce thème à partir d'une remarque faite par Galton dans une lettre à son cousin Darwin : « Félicitations à propos de la tache (ou tare) du quagga. » Cette notion représente la catastrophe généalogique, forte de menace pour l'espèce humaine, et donc, pour Galton, génératrice d'une anxiété[38]. Ses réflexions le conduisent à fonder le mouvement eugéniste en 1904 pour améliorer la race humaine en supprimant les individus porteurs de tares transmises de génération en génération. Dans son article, Burkhardt suggère qu'aucun des auteurs naturalistes dont il a analysé les écrits n'a cité la télégonie comme preuve biologique de la suprématie masculine ; il ne peut donc la lier explicitement avec des préoccupations de la société victorienne. Cependant, une recherche dans une autre direction pourrait être intéressante : analyser l'utilisation dans la société victorienne du cas du quagga afin d'identifier des clés de compréhension des manières de penser les relations homme-femme. Par exemple, pour déterminer les caractères considérés comme liés à l'hérédité à cette époque, Waller a analysé finement les descriptions des ressemblances physiques et morales des parents et enfants dans les écrits de Charles Dickens[39]. Les préoccupations centrales concernent le positionnement du mâle et sa prédominance sur les femelles, à mettre en lien avec des explications sociales de la croyance en l'imagination maternelle. D'autres commentateurs adoptent la posture opposée en argumentant que, dans la culture victorienne populaire, l'imagination maternelle offrait en réalité aux femmes un peu de liberté dans leur mariage puisque les enfants issus de l'adultère ressemblaient toujours au père officiel (à condition que le mariage ait été consommé)[40]. Dans ces lignes d'interprétation, certains en présentent des plus personnelles, reflétant peut-être des inquiétudes concernant la disparition d'espèces, comme Endersby qui se demande si le quagga ne pourrait pas perdre intérêt dans les femelles quagga pour ne plus poursuivre que des juments.

Un point intéressant est que le cas du quagga attire toujours des auteurs contemporains pour illustrer l'imagination maternelle et la télégonie. N'est-il pas significatif que Bynum, en 2002, dans le réputé journal médical

The Lancet ait choisi de discuter le cas du quagga, alors que les archives de ce journal même regorgent de cas frappants, comme celui de la femme enceinte, en 1854, qui, ayant marché sur une grosse grenouille et lui ayant écrasé les pattes, donna naissance à un garçon porteur d'un appendice charnu sur le croupion[41] ?

Relation faits-théories et aspects épistémologiques

Le quagga de Lord Morton a été utilisé pour réfléchir sur les relations entre faits et théories. Burkhardt argumente, en citant Huxley, que la relation attendue est qu'une « magnifique théorie soit invalidée par un vilain fait[42] » mais, dans le cas du quagga, c'est justement l'inverse. Gould, lui, insiste, en citant Darwin, que « les faits faux sont très préjudiciables au progrès de la science car ils durent souvent longtemps ; mais les opinions fausses, si elles sont soutenues par des preuves, ne font guère de mal, car tout le monde prend plaisir à prouver leur fausseté[43] ». Tous les deux voient les intérêts du cas du quagga pour développer une morale, une leçon pour les scientifiques. Pour Burkhardt, cela permet de réfléchir à la manière dont les scientifiques doivent considérer les anomalies de la science normale, les données sortant de la norme, situation faisant partie de leur quotidien. Pour Gould, un fait faux a perduré, pendant près de soixante-dix ans, jusqu'à ce qu'une théorie (celle de Weismann, du plasma germinatif) le rende suspect et qu'une expérience devienne nécessaire. Il pose la question de savoir ce que cette anecdote nous dit sur les relations entre faits et théories en science, en particulier à propos des faits isolés[44]. Pour lui, la réputation des faits tient beaucoup à la croyance naïve qu'ils sont des informations brutes extraites de la nature, selon un processus objectif d'observation pure. Ensuite, une étape cruciale, qui rend les faits presque immuables, est franchie lorsqu'ils entrent dans des sources secondaires, notamment dans des manuels. Les erreurs sont alors reprises de génération en génération. Gould précise bien que, loin de considérer que toute connaissance est relative, l'examen des faits doit nous permettre de déterminer lesquels sont acceptables et lesquels doivent être rejetés. Gould s'appuie ici sur des réflexions de Bateson qui conseille de chérir les exceptions, en étant bien conscient que les cas isolés sont fragiles et que les faits robustes sont récurrents et non des cas particuliers. Si aucun autre fait ne vient les conforter et si aucun motif ou récurrence n'émerge, ce qui a été le cas pour la télégonie, les faits isolés restent très fragiles. Cela doit entraîner les scientifiques à réfléchir à la nature des faits qu'ils considèrent et à chercher continuellement à distinguer un fait solide d'une affirmation factuelle bancale.

La question de savoir si l'histoire des sciences peut être pourvoyeuse de leçons pour les scientifiques est toujours objet de débats[45]. Une des morales les plus traditionnelles que les (historiens) scientifiques souhaitent tirer de l'histoire des sciences est que le savoir est provisoire et que nous ne pouvons prédire ce qui sera considéré comme vrai ou faux. D'ailleurs plutôt que *sera considéré*, il est plus juste de dire *sera*, puisque ces scientifiques sont souvent aussi réalistes et pensent que les objets naturels existent par eux-mêmes et sont révélés aux yeux des humains par des scientifiques et découvreurs[46]. Sans y répondre directement, je ne suis pas sûre néanmoins que le cas du quagga soit adapté pour tirer des leçons.

Un des intérêts de l'histoire du quagga, à mon sens, aurait plutôt à voir avec la compréhension que le sens des mots change selon les cultures, les lieux et les périodes ; dans ce cas précis, les termes « fait » et « hérédité ». Dans une perspective non critique du passé, l'histoire du cas du quagga est un indicateur, un révélateur plutôt, de la manière dont le fonctionnement de la science a changé au cours du temps.

Lors de la première lecture de l'article de Lord Morton, l'émerveillement nous saisit, puis nous entraîne ensuite vers les explications données, le passage par l'incrédulité concernant les explications de ces faits ou que les gens du XVIIIe et du XIXe siècles aient pu y croire au regard de nos connaissances d'aujourd'hui.

Ainsi, le faux fait de Gould et Darwin ne me semble pas une bonne description du cas du quagga. Ce n'est pas en accord avec notre vision où les faits sont toujours construits par l'observateur et ses instruments, à l'heure du *fact-checking*, où ils doivent toujours être vérifiés[47]. Lorsque je regarde les peintures aujourd'hui, je partage la surprise d'Ewart de voir les rayures si petites et discrètes sur les robes des poulains. Je me demande, comme Burkhardt, comment elles ont pu impressionner autant de personnes, mais je sais que mes observations sont autant chargées de théories que celles de Home, Harvey et Darwin.

Crédibilité scientifique

Dans l'histoire du quagga, plusieurs moments et éléments permettent de réfléchir sur le rôle des médias et supports dans la cote de crédibilité des faits, ces impacts se combinant avec la renommée de l'auteur. Sans reprendre la liste des références prestigieuses dans lesquelles le quagga est apparu à un moment ou à un autre de sa courte carrière parmi les humains, nous pouvons indiquer quelques jalons. Le quagga, animal si discret au XVIIIe siècle, est néanmoins décrit dans des ouvrages de référence comme ceux d'Edwards et Buffon (voir le chapitre 1). La crédibilité donnée par la publication de l'article de Morton dans le journal de la Royal Society (voir le chapitre 2) et sa considération par Darwin (voir le chapitre 3) ont été bien établies comme des facteurs de l'ancrage du cas du quagga dans le cadre des théories de l'hérédité. Comme discuté auparavant, le principe de Gould selon lequel les faits deviennent pratiquement immortels lorsqu'ils passent de la documentation primaire aux sources secondaires semble avoir véritablement eu lieu avec Darwin.

Concernant les développements récents, l'impact du journal dans l'épisode avec Pääbo (voir le chapitre 5) est important pour le développement du champ de l'ADN ancien avec la formation des premiers groupes de recherche[48]. Jones, qui travaille justement sur la formation du champ de recherche de l'ADN ancien, considère que ce champ est piloté par les données (*data-driven*) – en termes d'informations moléculaires disponibles à partir des échantillons utilisables et des technologies disponibles – et par la célébrité (*celebrity-driven*) – ou la renommée – des chercheurs impliqués en tant que groupe, du contenu scientifique et des productions de connaissances associées[49]. Dans le cas de l'ADN ancien, il s'agit de l'excitation autour de la récupération et du séquençage d'ADN provenant de fossiles, ses applications potentielles en biologie de l'évolution et de l'idée de ramener à la vie des créatures disparues, comme les dinosaures. Concernant le quagga, les recherches sur son ADN ont été certainement pilotées par les séquences obtenues mais le développement du projet de recréation a été réalisé en toute discrétion, grâce à la persévérance de Rau. Celui-ci n'a pas su convaincre de scientifiques renommés, ni même des médias. Les rares apparitions du Quagga Project, bien que dans des médias de qualité et à grande audience comme la BBC ou *Le Monde*, n'ont pas permis jusqu'à présent de déboucher sur une quelconque célébrité mondiale, le Quagga Project reste toujours relativement confidentiel[50]. Il est d'ailleurs à noter que ce projet de recréation d'espèces n'a pas trouvé grâce aux yeux de communautés scientifiques spécialisées. Pour l'instant, seuls les films de science-fiction (comme la série des films *Jurassic Park*) envisagent ces recréations et sont porteurs d'un imaginaire concernant les recréations d'espèces, pointant d'ailleurs certains aspects négatifs[51].

Évolution des réflexions et conceptions des relations humain-animal

Au XXe siècle, nous l'avons vu, le quagga est très peu présent dans les journaux scientifiques d'histoire naturelle ou d'histoire des sciences. Néanmoins, il est le sujet d'un article dans le journal du muséum d'histoire naturelle de New York en 1966[52]. L'article intitulé « Le quagga disparu » ne mentionne absolument pas le quagga de Lord Morton mais explore la disparition de l'espèce au XIXe siècle, victime tout comme la tourte voyageuse de l'inconséquence des hommes. L'apparition de ce thème marque un tournant concernant les pistes d'analyse historique du quagga ; il est repris dans les années 1980, toujours sans parler du quagga de Lord Morton et des pistes en histoire de l'hérédité. L'importance de la considération des hommes envers le quagga n'est pas, bien entendu, découverte à ce moment-là. Souvenons-nous des remarques de Renshaw concernant la législation mise en place pour la protection des animaux et sa sévérité vis-à-vis des excès de l'homme chasseur d'animaux. Selon lui, les relations des hommes blancs avec le quagga entre 1772 et 1879 se résument en un mot : extermination[53]. Dans l'éditorial du numéro de 1983 d'*African Wildlife*[54], Creig rappelle que la preuve que le quagga a existé, c'est qu'il a été déclaré protégé par une loi du gouvernement du cap de Bonne-Espérance le 6 juillet 1886. Ici, les liens avec les questions de conservation de la nature sont clairement exprimés et, pour l'auteur, ils ne concernent pas que les grands mammifères, qui rappelle que trente-neuf espèces végétales endémiques ont aussi récemment été déclarées éteintes en Afrique du Sud. Selon lui, chaque élément de l'écosystème joue un rôle et, même si sur le coup une disparition d'espèce ne semble pas grand-chose, cela peut affaiblir durablement l'ensemble. Il reprend alors l'image de Paul Ehrlich, biologiste américain, qui compare les écosystèmes et espèces aux ailes d'avions et rivets : chaque rivet est important si l'on veut que l'aile puisse tenir dans la tempête ! Cet article de 1983 est frappant par le changement de perspective et le rôle assigné au quagga, qui devient un emblème du « trop tard » dans la conservation, de l'importance de chaque espèce, de la perte de biodiversité et des conséquences sur les écosystèmes. Cependant, les motifs supposés de l'extermination du quagga indiqués dans cet article, notamment l'élimination par les colons des mangeurs d'herbes (comme le quagga et les antilopes), pour réserver l'herbe à leurs troupeaux de moutons et de chèvres ne sont pas confirmés.

Au XXIe siècle, à l'heure de la sixième extinction de masse d'espèces vivantes, où la crise climatique liée aux activités humaines entraîne un effondrement de la biodiversité, où de très nombreux auteurs, historiens et scientifiques travaillent sur ces thèmes[55], une question intéressante à explorer est la place du quagga dans la narration de l'extinction de la biodiversité. Cette place apparaît pour l'instant très restreinte ; parmi les exemples classiques d'animaux disparus, les plus populaires sont les dinosaures, le mammouth laineux, le dodo et la tourte voyageuse[56].

NOTES BIBLIOGRAPHIQUES

1 DE L'APPARITION À LA DISPARITION D'UNE ESPÈCE

1 Rookmaaker L. C., *The Zoological Exploration of Southern Africa 1650-1790*, Boca Raton, CRC Press, 1989. Il complète la liste avec paard, wild paard, wild peerd, wild pferdt provenant du hollandais.

2 Fauvelle F.-X., *Histoire de l'Afrique du Sud*, Paris, Points, 2016.

3 Boddaert P. et Richmond C. W., *P. Boddaert, med. doct. urbis Ulissingæ exconsiliarii… Elenchus animalium, volumen I: sistens quadrupedia huc usque nota, eorumque varietates: ad ductum naturae, quantum fieri potuit disposita*, Roterodami, Apud C. R. Hake, 1784.

4 Buffon G.-L. L. et Daubenton L.-J.-M., *Histoire naturelle générale et particulière: avec la description du Cabinet du Roy*, t. 6, Paris, Imprimerie royale, 1749.

5 Rookmaaker L. C., *The Zoological Exploration of Southern Africa 1650-1790*, ouvr. cité.

6 Third Journey November 1777 – « Robert Jacob Gordon – His Verbal and Visual Descriptions of South Africa (1777-1795) Rijks Museum », https://www.robertjacobgordon.nl/about.

7 Edwards G., *Gleanings of Natural History, Exhibiting Figures of Quadrupeds, Birds, Insects, Plants, Etc., Most of Which Have Not, till Now, Been Either Figured or Described. With Descriptions of Seventy Different Subjects, Designed, Engraved, and Coloured after Nature, on Fifty Copper-Plate Prints*, Londres, imprimé pour l'auteur au Royal College of Physicians, 1758.

8 *Ibid.*

9 Pennant T., *History of Quadrupeds*, Londres, 1793.

10 Brink C. F. et Russell E., *Nouvelle description du Cap de Bonne-Espérance avec un journal historique d'un voyage de terre : fait par ordre du gouverneur feu Mgr. Ryk Tulbagh, dans l'intérieur de l'Afrique, par une caravane de quatre-vingt-cinq personnes sous le commandement du capitain Mr. Henri Hop*, Amsterdam, J. H. Schneider, 1778.

11 Sparrman A., *Voyage au Cap de Bonne-Espérance et autour du monde avec le capitaine Cook, et principalement dans le pays des Hottentots et des Caffres*, t. 2, traduit par M. Le Tourneur, Paris, Buisson, 1787.

12 Barkhoff J. et Eberhart H., *Networking Across Borders and Frontiers: Demarcation and Connectedness in European Culture and Society*, Lausanne, Peter Lang, 2009.

13 Magnin-Gonze J., *Histoire de la botanique*, Paris, Delachaux, 2015.

14 Bourguet M. H. et Lacour P. H., « Les mondes naturalistes », dans *Histoire des sciences et des savoirs. De la renaissance aux lumières*, Paris, Le Seuil, 2015.

15 Barnaby D., *Quaggas and Other Zebras*, Plymouth, Basset publications, 1996.

16 *Ibid.*

17 Stow G. W. et McCall Theal G., *The Native Races of South Africa; a History of the Intrusion of the Hottentots and Bantu into the Hunting Grounds of the Bushmen, the Aborigines of the Country*, Londres, S. Sonnenschein & Co., New York, The Macmillan Co., 1905 ; Fock G. J. et McGregor A., « 227. Two Rock Engravings from South Africa in the British Museum », *Man*, vol. 65, 1965, p. 194-195 ; Thackeray J. F., « Morphometric, Palaeoecological and Taxonomic Considerations of Southern African Zebras: Attempts to Distinguish the Quagga », *South African Journal of Science*, vol. 93, n° 2, 1997, p. 89-93.

18 Trouessart E. L., « Le couagga et le zèbre de Burchell dans la collection du Muséum d'histoire naturelle », *Bulletin du Muséum d'histoire naturelle*, 1906, p. 449-452.

19 Bryden H. A., *Kloof and Karroo, Sport, Legend, and Natural History in Cape Colony, with a Notice of the Game Birds, and of the Present Distribution of the Antelopes and Larger Game*, Londres, Longmans, 1889 ; Gall D., « This Most Elegant of Quadrupeds », *Discovery: Magazine of the Peabody Museum of Natural History*, vol. 15, n° 2, 1980, p. 44-51.

20 Sparrman A., *Voyage au Cap de Bonne-Espérance et autour du monde avec le capitaine Cook*, ouvr. cité.

21 Edwards G., *Gleanings of Natural History, Exhibiting Figures of Quadrupeds, Birds, Insects, Plants, Etc., Most of Which Have Not, till Now, Been Either Figured or Described*, ouvr. cité.

22 Heurtel P. et Lenoir M. (dir.), *Les vélins du Muséum national d'histoire naturelle*, Paris, Citadelles & Mazenod / Muséum national d'histoire naturelle, 2016.

23 Lacépède É. (de) et Cuvier G., *La Ménagerie du Muséum national d'Histoire naturelle ou les animaux vivants, peints d'après nature, sur vélin, par le citoyen Maréchal [...] Avec une note descriptive et historique pour chaque animal par les citoyens Lacépède et Cuvier*, Paris, C. F. Patris, 1801.

24 Boitard P., *Le jardin des plantes: description et mœurs des mammifères de la ménagerie et du Museum d'histoire naturelle / par M. Boitard; précédé d'une introduction historique, descriptive et pittoresque par M. J. Janin*, Paris, G. Barba, 1851; Serna P., « 1793. La république des animaux », *L'Histoire*, n° 396, 2014, p. 80-85.

25 Boitard P., *Le jardin des plantes*, ouvr. cité.

26 Taquet P., *Georges Cuvier. Anatomie d'un naturaliste*, Paris, Odile Jacob, 2019.

27 https://www.mnhn.fr/fr/collections/ensembles-collections/vertebres/mammiferes/couagga-louis-xvi

28 Trouessart E. L., « Le couagga et le zèbre de Burchell dans la collection du Muséum d'histoire naturelle », art. cité.

29 https://www.mnhn.fr/fr/collections/ensembles-collections/vertebres/mammiferes/couagga-louis-xvi

30 Chansigaud V., *Histoire de l'illustration naturaliste*, Paris, Delachaux et Niestlé, 2009.

31 *Ibid.*

32 Lacépède É. (de) et Cuvier G., *La Ménagerie du Muséum national d'histoire naturelle ou les animaux vivants, peints d'après nature, sur vélin, par le citoyen Maréchal*, ouvr. cité.

33 Traduction de l'autrice d'après: Pringle T. et Ritchie L., *The Poetical Works of Thomas Pringle*, Londres, E. Moxon, 1839. « *Afar in the desert I love to ride / With the silent Bush-boy alone by my side / O'er the brown Karoo, where the fleeting cry / Of the springbok's fawn sounds plaintively / and the timorous quagga's shrill-whistling neigh / is heard by the fountain at twilight gray.* »

34 https://www.robertjacobgordon.nl/map#81ae1bc0-2046-4c20-8497-08d42e3592a6

35 https://www.robertjacobgordon.nl/map#ac5eda2d-156d-4464-439a-08d440471d6a

36 Harris W. C., *The Wild Sports of Southern Africa: Being the Narrative of a Hunting Expedition from the Cape of Good Hope, through the Territories of the Chief Moselekatse, to the Tropic of Capricorn*, Albemarle Street, John Murray, 1839 ; Burchell W. J., *Travels in the Interior of Southern Africa*, Londres, Longman, Hurst, Rees, Orme and Brown, 1822.

37 Dolan J., « On an Unpublished Photograph of the Quagga. *Equus quagga quagga* Gmelin, 1778 (Equidae, Mammalia) », *Der Zoologische Garten*, vol. 51, n° 5-6, 1981, p. 357-362.

38 Rookmaaker L. C., *The Zoological Exploration of Southern Africa 1650-1790*, ouvr. cité.

39 Low D., *On the Domesticated Animals of the British Islands*, Londres, Longman, Brown, Green and Longmans, 1853.

40 Sparrman A., *Voyage au Cap de Bonne-Espérance et autour du monde avec le capitaine Cook*, ouvr. cité ; Third Journey November 1777 – « Robert Jacob Gordon – His Verbal and Visual Descriptions of South Africa (1777-1795) Rijks Museum », réf. citée.

41 Buffon G.-L. L. et Daubenton L.-J.-M., *Histoire naturelle, générale et particulière : avec la description du Cabinet du Roy*, ouvr. cité.

42 Lydekker R., « The Extinct Quagga », *Mostly Mammals, Zoological Essays*, 1903.

43 Lacépède É. (de) et Cuvier G., *La Ménagerie du Muséum national d'histoire naturelle ou les animaux vivants, peints d'après nature, sur vélin, par le citoyen Maréchal*, ouvr. cité.

44 Pestre D. (dir.), *Histoire des sciences et des savoirs. Modernité et globalisation*, Paris, Le Seuil, 2015.

45 Dolan J., « The Quagga Commemorated », *Zoonoz*, vol. 56, n° 8, 1983, p. 13-15.

46 Saint-Hilaire G. et Cuvier F., *Histoire naturelle des mammifères, avec des figures originales coloriées […] par M. Geoffroy Saint-Hilaire […] et par M. Frédéric Cuvier*, 1826 ; Renshaw G., *Natural History Essays*, Manchester, Sherrat & Hughes, 1904.

47 Willoughby D., « The Vanished Quagga », *Natural history*, vol. 75, n° 2, 1966, p. 60-63.

48 Photographies - « Zoological Society of London (ZSL) – UK Zoos & Animal Conservation ».

49 Barnaby D., *Quaggas and Other Zebras*, ouvr. cité ; Renshaw G., *Natural History Essays*, ouvr. cité.

50 Dolan J., « On an Unpublished Photograph of the Quagga. *Equus quagga quagga* Gmelin, 1778 (Equidae, Mammalia) », art. cité.

51 Sparrman A., *Voyage au Cap de Bonne-Espérance et autour du monde avec le capitaine Cook*, ouvr. cité.

52 Burchell W. J., *Travels in the Interior of Southern Africa*, ouvr. cité.

53 Renshaw G., *Natural History Essays*, ouvr. cité.

54 Bryden H. A., *Kloof and Karroo, Sport, Legend, and Natural History in Cape Colony, with a Notice of the Game Birds, and of the Present Distribution of the Antelopes and Larger Game*, ouvr. cité.

55 Greig J. C., « The Lesson of the Quagga – die les van die kwagga », *American Wildlife*, vol. 37, n° 4, 1983, p. 134-135 ; Rau R., « The Colouration of the Extinct Cape Colony Quagga », *American Wildlife*, vol. 37, n° 4, 1983, p. 136-142.

56 Bryden H. A., *Kloof and Karroo, Sport, Legend, and Natural History in Cape Colony, with a Notice of the Game Birds, and of the Present Distribution of the Antelopes and Larger Game*, ouvr. cité.

57 Tuijn P., « Historical Notes on the Quagga: *Equus quagga* Gmelin, 1788 Mammalia, Perissodactyla Comprising some Remarks on Buffon-Editions Published in Holland, by P. Tuijn », *Bijdr. tot de Dierk*, vol. 36, 1966.

58 Low D., *On the Domesticated Animals of the British Islands*, ouvr. cité ; Renshaw G., *Natural History Essays*, ouvr. cité.

59 Renshaw G., *Natural History Essays*, ouvr. cité ; Trouessart E. L., « Le couagga et le zèbre de Burchell dans la collection du Muséum d'histoire naturelle », art. cité ; Bryden H. A., *Kloof and Karroo, Sport, Legend, and Natural History in Cape Colony, with a Notice of the Game Birds, and of the Present Distribution of the Antelopes and Larger Game*, ouvr. cité.

60 « Man the Destroyer », *The New York Times*, 9 janvier 1887.

61 « African Skins », *The New York Times*, 19 juin 1898.

62 Selborne Society, *Nature Notes : The Selborne Society's Magazine*, Londres, H. Sotheran, 1890 ; Renshaw G., *Natural History Essays*, ouvr. cité.

63 Ridgeway W., *The Origin and Influence of the Thoroughbred Horse*, Cambridge, Cambridge University Press, 1905.

64 Renshaw G., *Natural History Essays*, ouvr. cité.

65 Thackeray J. F., « Morphometric, Palaeoecological and Taxonomic Considerations of Southern African Zebras:

Attempts to Distinguish the Quagga », *South African Journal of Science*, vol. 93, n° 2, 1997, p. 89-93.

66 Copie de l'acte dans Creig J. C., « The lesson of the quagga—Die les van die kwagga », *African Wildlife = Afrika-Natuurlewe.*, vol. 37, n° 4, 1983, p. 134-135.

67 Renshaw G., *Natural History Essays*, ouvr. cité.

68 Heck L., *Animal Safari: Big Game in South West Africa*, Londres, Methuen & Co., 1956.

69 *Ibid.*

2 LE QUAGGA DE LORD MORTON

1 Atkinson D., *Scientific Discourse in Sociohistorical Context: The Philosophical Transactions of the Royal Society of London, 1675-1975*, Londres, L. Erlbaum, 1999.

2 Anderson W., *The Scottish Nation or the Surnames, Families, Literature, Honours and Biographical History of the People of Scotland vol III*, Londres, Fullarton & Co, 1866 ; Cokayne G. E., *The Complete Peerage of England, Scotland, Ireland, Great Britain and the United Kingdom: Extant, Extinct or Dormant / by G.E.C.*, Gloucester, Sutton, 1982.

3 Lyons H. G., *The Royal Society, 1660-1940, a History of its Administration under its Charters*, Cambridge, Cambridge University Press, 1944 ; Jones H. B., *The Royal Institution: its Founder and its First Professors, etc.*, Londres, 1871.

4 « Obituary Lord Morton », *The Gentleman's Magazine*, 1827, p. 272.

5 Earl of Morton, « A Communication of a Singular Fact in Natural History », *Philosophical Transactions of the Royal Society of London*, vol. 111, 1821, p. 20-22.

6 « Monthly Memoranda in Natural History », *The Scots Magazine & Edinburgh Litterary Miscellany*, 1813, p. 7.

7 *Ibid.*

8 Atkinson D., *Scientific Discourse in Sociohistorical Context*, ouvr. cité.

9 *Ibid.*

10 Rusnock A., « Correspondence Networks and the Royal Society, 1700-1750 », *The British Journal for the History of Science*, vol. 32, n° 2, 1999, p. 155-169.

11 Atkinson D., *Scientific Discourse in Sociohistorical Context*, ouvr. cité.

12 Extrait de l'avertissement au début du volume 111 de *Philosophical Transactions of the Royal Society of London*, 1821, p. 2.

13 Shapin S., *A Social History of Truth: Civility and Science in Seventeenth-Century England*, Chicago, University of Chicago Press, 1994; Shapiro B. J., *A Culture of Fact: England, 1550-1720*, Ithaca, Cornell University Press, 2000.

14 Shapiro B. J., *A Culture of Fact: England, 1550-1720*, ouvr. cité.

15 Richmond M. L., « Heredity Produced: At the Crossroads of Biology, Politics, and Culture, 1500-1870. Staffan Müller-Wille and Hans-Jorg Rheinberger, editors », *Integrative and Comparative Biology*, vol. 48, n° 4, 2008, p. 536-538; Buican D., *Mendel dans l'histoire de la génétique*, Paris, Ellipses, 2008.

16 Atkinson D., *Scientific Discourse in Sociohistorical Context*, ouvr. cité.

17 Coley N. G., « Home, Sir Everard, First Baronet (1756-1832) », *Oxford Dictionary of National Biography*, 2004.

18 https://royalsociety.org/grants-schemes-awards/awards/copley-medal/

19 Home E., « On the Placenta », *Philosophical Transactions of the Royal Society of London*, vol. 112, 1822, p. 401-407.

20 Home E., « The Croonian Lecture: On the Existence of Nerves in the Placenta », *Philosophical Transactions of the Royal Society of London*, vol. 115, 1825, p. 66-80.

21 Home E. et Royal College of Physicians of Edinburgh, *Lectures on Comparative Anatomy: In Which Are Explained the Preparations in the Hunterian Collection/ by Sir Everard Home*, Londres, G. and W. Nicol, 1814.

22 Campbell M., Hancock E. G. et Pearce N., *William Hunter's World: The Art and Science of Eighteenth-Century Collecting*, Farnham, Ashgate Publishing, Ltd., 2015.

23 Hardy C. F., *J. L. Agasse, peintre genevois, 1767-1849. Traduction de D. Plan…*, Genève, Sonor, 1921; « Agasse, Jacques-Laurent », *Oxford Dictionary of National Biography*, 2004.

24 Clift W., 1800-1840 Manuscript diary of William Clift, Conservator of the Royal College of Surgeons Museum, Archives of The Royal College of Surgeons « Royal Conservatoire of Scotland Archives & Collections – Archives Hub ».

25 Réserves du Royal College of Surgeons à Londres où on peut les observer aujourd'hui sur rendez-vous, https://www.rcseng.ac.uk/

26 Jardine W. et Hamilton-Smith C., *The Naturalist's Library: Mammalia / Edited by William Jardine. Vol. 12, the Natural History of Horses: The Equidae or Genus Equus of Authors / by Chas Hamilton Smith.* Édimbourg, WHLizars, 1841.

27 Ritvo H., *Animal Pleasures: Popular Zoology in Eighteenth- and Nineteenth-Century England*, Cambridge, Harvard University Library, 1985.

28 *Ibid.* ; Olby R., *The Emergence of Genetics in Companion to the History of Modern Science*, Londres, Routledge, 1996.

29 Ritvo H., *Animal Pleasures*, ouvr. cité.

30 Blaine D., *Outlines of the Veterinary Art; or, a Treatise on the Anatomy, Physiology, and Curative Treatment of the Diseases of the Horse: and Subordinately, of Those of Neat Cattle and Sheep Illustrated by Surgical and Anatomical Plates*, Londres, Longman, Orme, 1841.

31 Senex, « Untitled Letter », *The Lancet*, vol. 679, 1854.

32 Ritvo H., *The Platypus and the Mermaid and Other Figments of the Classifying Imagination*, Cambridge, Harvard University Press, 1997.

33 Harvey A., *On the Foetus in Utero, as Inoculating the Maternal with the Peculiarities of the Paternal Organism*, Édimbourg, Sutherland and Knox, 1849.

34 *Ibid.*

35 Walker A., *Intermarriage*, Philadelphie, Lindsay & Blakiston, 1851.

36 Osborn H. F., « Are Acquired Variations Inherited? », *The American Naturalist*, vol. 25, n° 291, 1891, p. 191-216.

37 Russell E. J., « A New Encyclopedia of Agriculture », *Nature*, vol. 79, n° 2050, 1909, p. 421-422.

38 Richmond M. L., « *Heredity Produced: At the Crossroads of Biology, Politics, and Culture, 1500-1870.* Staffan Muller-Wille and Hans-Jorg Rheinberger, editors », art. cité.

3 IMAGINATIONS MATERNELLES

1 Shildrick M., « Maternal Imagination: Reconceiving First Impressions », *Rethinking History*, vol. 4, n° 3, 2000, p. 243-246.

2 Gleize P., « L'hérédité hors du champ scientifique », *Ethnologie française*, vol. 24, n° 1, 1994, p. 11-24.

3 Genèse 30 : 31-43.

4 Gourevitch D., « Se mettre à trois pour faire un bel enfant, ou l'imprégnation par le regard », *L'Évolution psychiatrique*, vol. 52, 1987, p. 559-563.

5 *Ibid.*

6 Genèse 31 : 6-21.

7 Darmon P., *Le Mythe de la procréation à l'âge baroque*, Paris, J. J. Pauvert, 1977.

8 Coste J., « Les "envies" maternelles et les marques de l'imagination : histoire d'une représentation dite "populaire" », *Bibliothèque de l'École des chartes*, vol. 158, n° 2, 2000, p. 507-529 ; Gourevitch D., « Se mettre à trois pour faire un bel enfant, ou l'imprégnation par le regard », art. cité.

9 Lherminier P., « L'hérédité avant la génétique », *Médecine/Sciences*, vol 14, 1998 ; Gourevitch D., « Se mettre à trois pour faire un bel enfant, ou l'imprégnation par le regard », art. cité.

10 Pline l'Ancien, *Histoire naturelle de Pline : avec la traduction en français*, trad. É. Littré, Paris, J.-J. Dubochet, Le Chevalier et Cie, 1848.

11 Coste J., « Les "envies" maternelles et les marques de l'imagination : histoire d'une représentation dite "populaire" », art. cité.

12 Montaigne M. (de), « De la force de l'imagination », dans *Essais de Michel de Montaigne*, Paris, V. Lecou, 1850.

13 Vallade J., *L'œil de lynx des microscopistes. La sexualité végétale : l'apport des micrographes depuis le XVIIe siècle*, Dijon, Éditions universitaires de Dijon, 2008.

14 Harvey W., *Exercitationes de generatione animalium [...]*, Amsterdam, Apud Ludovicum Elzevirium, 1651.

15 Roger J., *Les Sciences de la Vie dans la Pensée Française au XVIIIe siècle la génération des animaux de Descartes à l'Encyclopédie*, Paris, Armand Colin, 1963.

16 De Graaf R., *Mulierum organis generationi inservientibus tractatus novus*... Lugduni Batavorum, Ex officina Hackiana, 1672.

17 Darmon P., *Le Mythe de la procréation à l'âge baroque*, ouvr. cité.

18 *Ibid.*

19 Astruc J., *Traité des maladies des femmes*, Paris, Guillaume Cavelier, 1765.

20 Jacob F., *La Logique du vivant. Une histoire de l'hérédité*, Paris, Gallimard, 1970.

21 Roger J., *Les Sciences de la vie dans la pensée française au* XVIII*e* *siècle la génération des animaux de Descartes à l'Encyclopédie*, ouvr. cité.

22 Waller J. C., « Ideas of Heredity, Reproduction and Eugenics in Britain, 1800-1875 », *Studies in History and Philosophy of Biological and Biomedical Sciences*, vol. 32, n° 3, 2001, p. 457-489.

23 *Ibid.*

24 *Ibid.*

25 Du Fouilloux J., *La Vénerie*, Paris, A. L'Angelier, 1606.

26 Haighton J., « VIII. An Experimental Inquiry Concerning Animal Impregnation », *Philosophical Transactions of the Royal Society of London*, vol. 87, 1797, p. 159-196.

27 Knight T. A., « XXIII. On the Comparative Influence of Male and Female Parents on Their Offspring », *Philosophical Transactions of the Royal Society of London*, vol. 99, 1809, p. 392-399.

28 Home E., « The Croonian Lecture: On the Existence of Nerves in the Placenta », *Philosophical Transactions of the Royal Society of London*, vol. 115, 1825, p. 66-80.

29 Carpenter W. B., *Principles of General and Comparative Physiology: Intended as an Introduction to the Study of Human Physiology: And as a Guide to the Philosophical Pursuit of Natural History*, Londres, John Churchill, 1839.

30 M'Gillivray J., « A Few Observations on the Reproductive System of Animals Having a Special Reference to Cross-Breeding in the Bovine Race. Section I - Physiology of the Reproductive System », *The Aberdeen Journal*, 21 mars 1849.

31 Harvey A., *On the Foetus in Utero, as Inoculating the Maternal with the Peculiarities of the Paternal Organism*, Édimbourg, Sutherland and Knox, 1849.

32 Haller A. (de), *Éléments de physiologie – Traduction nouvelle du latin en françois par M. Bordenave*, Paris, Guillyn, 1769.

33 Tongue C., *The Stud Farm: or, Hints on Breeding for the Turf, the Chase, and the Road by Cecil Pseud*, Londres, Longman, Brown, Green and Longmans, 1851.

34 Miles W. J., Herring B. et Lupton J. I., *Modern Practical Farriery: A Complete Guide to All that Relates to the Horse... Forming a Complete System of the Veterinary Art, as at present Practised at the Royal Veterinary College, London*, Londres, William Mackenzie, 1870.

35 Miles M., *Stock-breeding: A Practical Treatise on the Applications of the Laws of Development and Heredity to the Improvement and Breeding of Domestic Animals*, New York, D. Appleton and Co., 1879.

36 Ritvo H., « Animal Pleasures: Popular Zoology in Eighteenth- and Nineteenth-Century England », *Harvard Library Bulletin*, 1985, p. 239-279 ; Derry M. E., *Bred for Perfection: Shorthorn Cattle, Collies, and Arabian Horses since 1800*, Baltimore, Johns Hopkins University Press, 2003.

37 Osborn H. F., « Are Acquired Variations Inherited? », *The American Naturalist*, vol. 25, n° 291, 1891, p. 191-216.

38 Macdonald W., « On the Markings of the Eel-Back Dun Variety of the Horse, Common in Scotland; in a Letter to P. M. Roget, M. D. Sec. R. S. », *Abstracts of the Papers Printed in the Philosophical Transactions of the Royal Society of London*, vol. 4, 1837, p. 163-164.

39 Jardine W. et Hamilton Smith C., *The Naturalist's Library: Mammalia / Edited by William Jardine. Vol. 12, The Natural History of Horses: The Equidae or Genus Equus of Authors*, Édimbourg, W. H. Lizars, 1841.

40 Turner W., « Anthropology. Opening adress », *Nature*, 1889, p. 526-533.

41 Walker A., *Intermarriage*, Philadelphie, Lindsay & Blakiston, 1851.

42 Lucas P., *Traité philosophique et physiologique de l'hérédité naturelle dans les états de santé et de maladie du système nerveux: avec l'application méthodique des lois de la procréation au traitement général des affections dont elle est le principe*, Paris, J.-B. Baillière, 1847.

43 López-Beltrán C., « In the Cradle of Heredity; French Physicians and *L'Hérédité Naturelle* in the Early 19th Century », *Journal of the History of Biology*, vol. 37, n° 1, 2004, p. 39-72.

44 Lucas P., *Traité philosophique et physiologique de l'hérédité naturelle dans les états de santé et de maladie du système nerveux*, ouvr. cité.

45 *Ibid.*

46 Darwin C., « Darwin's Notebooks on Transmutation of Species », *Bulletin of the British Museum (Natural History), Historical Series*, vol. 2, n° 2-6, 1960.

47 Darwin C., *L'origine des espèces*, Paris, Flammarion, 2022 ; *Id.*, *La Variation des animaux et des plantes à l'état domestique*, Paris, Flammarion, 2015.

48 Bartley M. M., « Darwin and Domestication: Studies on Inheritance », *Journal of the History of Biology*, vol. 25, n° 2, 1992, p. 307-333.

49 *Ibid.*

50 Waller J. C., « Ideas of Heredity, Reproduction and Eugenics in Britain, 1800-1875 », art. cité.

51 Darwin C., « Questions About the Breeding of Animals. With Introduction by Sir Gavin de Beer. London: Society for the Bibliography of Natural History (Sherborn Fund Facsimile no. 3). Facsimile edition », http://darwin-online.org.uk/content/frameset?keywords=the%20of%20about%20questions%20animals%20breeding&pageseq=1&itemID=F262&viewtype=text

52 Bartley M. M., « Darwin and Domestication: Studies on Inheritance », art. cité.

53 Noguera-Solano R. et Ruiz-Gutiérrez R., « Darwin and Inheritance: The Influence of Prosper Lucas », *Journal of the History of Biology*, vol. 42, n° 4, 2009, p. 685-714.

54 Darwin C., *L'origine des espèces*, ouvr. cité.

55 *Ibid.*

56 *Ibid.*

57 Darwin C. *La Variation des animaux et des plantes à l'état domestique*, ouvr. cité.

58 Darwin C., *La filiation de l'homme et la sélection liée au sexe*, Paris, Flammarion, 2013.

59 Burkhardt R. W., « Closing the Door on Lord Morton's Mare: The Rise and Fall of Telegony », *Studies in History of Biology*, vol. 3, 1979, p. 1-21.

60 Gould S. J., « Quaggas, Coiled Oysters, and Flimsy Facts », *Natural History – The Journal of the Natural History Museum*, vol. 90, n° 9, 1981, p. 16-26.

61 Burkhardt R. W., « Closing the Door on Lord Morton's Mare: The Rise and Fall of Telegony », art. cité.

62 Galton F., « A Theory of Heredity », *Journal of the Anthropological institute of Great Britain and Ireland*, 1876, p. 329-348.

63 Jacob A., *Petit manuel de l'éleveur de chevaux*, Nancy, Imprimerie de Dard, 1850.

64 Bérard J.-B., « Causes de la monstruosité et autres anomalies de l'organisation humaine, rapportées vulgairement à l'influence de l'imagination maternelle (Cand. Jean-Baptiste Bérard) », 1835.

65 *Ibid.*

66 Sanson A., *Traité de zootechnie, ou Économie du bétail, par André Sanson*, Paris, Librairie agricole de la Maison rustique, 1874.

67 Bernard C., « Imprégnation de l'élément femelle par l'élément mâle – Cours de physiologie générale du Museum d'histoire naturelle – Phénomène de la vie commune aux animaux et aux végétaux », *La Revue scientifique de la France et de l'étranger : revue des cours scientifiques*, vol. 7, 1874, p. 349-353.

68 Burkhardt R. W., « Closing the Door on Lord Morton's Mare: The Rise and Fall of Telegony », art. cité.

69 Conti F. et Irrera Conti S., « On Science and Literature: A Lesson from the Bernard–Zola Case », *BioScience*, vol. 53, nº 9, 2003, p. 865.

70 Lherminier P., « Imprégnation et télégonie : un blocage idéologique », *Bulletin d'histoire et d'épistémologie des sciences de la vie*, vol. 5, nº 1, 1998 ; Gaillard F., « Genèse et généalogie : le cas du docteur Pascal », *Romantisme*, vol. 11, nº 31, 1981, p. 181-196.

4 LA TÉLÉGONIE, UN PROBLÈME SCIENTIFIQUE À RÉSOUDRE

1 Turner W., « Anthropology. Opening adress », *Nature*, 1889, p. 526-533.

2 Haig D., « William Turner's Lectures on the Comparative Anatomy of the Placenta », *Placenta*, vol. 18, nº 4, 1997, p. 371-374.

3 Weismann A., *Das Keimplasma, eine Theorie der Vererbung, von August Weismann*, Germany, Iéna, G. Fischer, 1892.

4 Weismann A., *The Germ-Plasm. A Theory of Heredity*, 1893 : https://ia802904.us.archive.org/9/items/germplasmtheoryo00weisuoft/germplasmtheoryo00weisuoft.pdf

5 Weismann A., *Essais sur l'hérédité et la sélection naturelle*, Paris, C. Reinwald & Cie, 1892.

6 *Ibid.*

7 Miles M., *Stock-Breeding: A Practical Treatise on the Applications of the Laws of Development and Heredity to the Improvement and Breeding of Domestic Animals*, New York, D. Appleton & Company, 1879.

8 Waller A. E., « Xenia and Other Influences Following Fertilization », *The Ohio Journal of Science*, XVII, n° 8, 1917, p. 12.

9 Cook O. F., « Telegony as Induced Reversion », *Science*, vol. 30, n° 764, 1909, p. 241-243.

10 Waller A. E., « Xenia and Other Influences Following Fertilization », art. cité.

11 Burkhardt R. W., « Closing the Door on Lord Morton's Mare: The Rise and Fall of Telegony », *Studies in History of Biology*, vol. 3, 1979, p. 1-21.

12 Valade B., « Spencer Herbert (1820-1903) », *Universalis*.

13 Aubert-Marson D., *Histoire de l'eugénisme*, Paris, Ellipses, 2010.

14 Waller J. C., « Ideas of Heredity, Reproduction and Eugenics in Britain, 1800-1875 », *Studies in History and Philosophy of Biological and Biomedical Sciences*, vol. 32, n° 3, 2001, p. 457-489.

15 Spencer H., « The Inadequacy of Natural Selection – Part II », *The Contemporary Review*, vol. 63, 1893, p. 439-456.

16 Burkhardt R. W., « Closing the Door on Lord Morton's Mare: The Rise and Fall of Telegony », art. cité.

17 Pearson K. et Lee A., « Mathematical Contributions to the Theory of Evolution. On Telegony in Man, &c », *Proceedings of the Royal Society of London*, vol. 60, n° 359-367, 1896, p. 273-283.

18 Bumpus H. C., « Facts and Theories of Telegony », *The American Naturalist*, vol. 33, n° 396, 1899, p. 917-922.

19 Burkhardt R. W., « Closing the Door on Lord Morton's Mare: The Rise and Fall of Telegony », art. cité.

20 Ewart J. C., *The Penycuik experiments*, Londres, A. and C. Black, 1899.

21 Olby R. C., « The Emergence of Genetics », dans Olby R. C., Christie J. et Hodge M., *Companion to the History of Modern Science*, Londres, Routledge, 1996.

22 Fischer J. et Schneider W. H., *Histoire de la génétique : Pratiques, techniques et théories*, Paris, ARPEM/Sciences en situation, 1998.

23 Traduction de l'autrice d'après Ewart J. C., *The Penycuik experiments*, Londres, A. and C. Black, 1899, p. 161.

24 Ewart J. C., « Experimental Contributions to the Theory of Heredity. A. Telegony », *Proceedings of the Royal Society of London*, vol. 65, 1899, p. 243-251.

25 Giard A., « Zoologie – Expériences sur la télégonie – Note de Mlle Barthelet présentée par M. Alfred Giard », *Compte-Rendu de l'académie Des Sciences*, vol. 31, 1900, p. 911-912.

26 « La doctrine de l'infection de la mère », *Recueil de médecine vétérinaire*, 8e série, t. 2, nº 13, 1895, p. 457-458.

27 Le Dantec F., *Évolution individuelle et hérédité : théorie de la variation quantitative*, Paris, Félix Alcan, 1898.

28 Fédération française des sociétés de sciences naturelles, *L'Année biologique : comptes-rendus annuels des travaux de biologie générale*, 1899-1900.

29 Rabaud É., « Telegony: A Superstition that Dies Hard– Experimental Evidence from Breeding and Deductions from Embryology – Supposed Phenomenon as Negligible in Eugenics as in Stock-Breeding », *Journal of Heredity*, vol. 5, nº 9, 1914, p. 389-399.

30 Burian R. M., Gayon J. et Zallen D., « The Singular Fate of Genetics in the History of French Biology, 1900-1940 », *Journal of the History of Biology*, vol. 21, nº 3, 1988, p. 357-402.

31 « Science and Industry », *The New York Times*, 14 août 1898.

32 « Professor Ewart's Mares Reviewed work: The Penycuik Experiments by J. C. Ewart », *The American Naturalist*, vol. 33, nº 389, 1899, p. 428-429.

33 Cockerell T. D. A., « Review – Ewart's works including Guide to the Zebra Hybrids, etc., on Exhibition at the Royal Agricultural Society's Show, York », *Science*, vol. 13, nº 324, 1901, p. 423-424.

34 Whitman C. O., « A Biological Farm for the Experimental Investigation of Heredity, Variation and Evolution, and for the Study of Life-Histories, Habits, Instincts and Intelligence », *Science*, vol. 16, nº 404, 1902, p. 504-510.

35 Coleman W., « The Experimental Ideal », *Biology in the Nineteenth Century: Problems of Form, Function, and Transformation*, New York, Wiley, 1971.

36 Cook O. F., « Telegony as Induced Reversion », art. cité.

37 Morgan T. H., *Experimental Zoology*, New York, The Macmillan Company, 1907.

38 Pearson K., « Statistics of Telegony », *Science*, vol. 30, nº 770, 1909, p. 443-444.

39 Cook O. F., « Telegony as Induced Reversion », art. cité.

40 Traduction de l'autrice d'après Cook O. F., « Telegony as Induced Reversion », art. cité.

41 Riley E. H., « Some Observations in Telegony », *5th Annual Report of American Breeders' Association*, vol. 5, 1909, p. 5-7.

42 Pearl R., « Genetics and Breeding », *Science*, vol. 37, n° 954, 1913, p. 539-546.

43 Wilson J. et Ewart J. C., « Lord Morton's Quagga Hybrid and Origin of Dun Horses – Letters to the Editor », *Nature*, vol. 84, n° 2133, 1910, p. 328.

44 Wilson J., « The Inheritance of the Dun Coat-Colour in Horses », *Scientific Proceedings of the Royal Dublin Society*, vol. 13, n° 14, 1912, p. 184-201.

45 Wilson J. et Ewart J. C., « Lord Morton's Quagga Hybrid and Origin of Dun Horses – Letters to the Editor », art. cité.

46 Anonyme, « News and Views », *Nature*, vol. 120, n° 3018, 1927, p. 343.

47 J. H. A., « Obituary. Professor J. Cossar Ewart, F. R. S. », *Nature*, vol. 133, 1934, p. 165-166.

48 Marshall F. H. A., « James Cossar Ewart. 1851-1933 », *Obituary Notices of Fellows of the Royal Society*, vol. 1, n° 3, 1934, p. 189-195.

49 J.H.A., « Obituary. Professor J. Cossar Ewart, F. R. S. », art. cité.

50 Webber H. J., « The Effect of Research in Genetics on the Art of Breeding », *Science, New Series*, vol. 35, n° 903, 1912, p. 597-609.

51 Laughin H. H., « Review: The Principles of Stock-Breeding by James Wilson », *Science, New Series*, vol. 38, n° 990, 1913, p. 885-887.

52 Fischer J. et Schneider W. H., *Histoire de la génétique*, ouvr. cité ; Endersby J., *A Guinea Pig's History of Biology: The Plants and Animals who Taught us the Facts of Life*. Londres, William Heinemann, 2007 ; Olby R. C., « The Emergence of Genetics », réf. citée ; Aubert-Marson D., *Histoire de l'eugénisme*, ouvr. cité.

53 Pocock R. I., « The Coloration of the Quaggas », *Nature*, vol. 68, n° 1763, 1903, p. 356-357.

54 Thayer G. H. et Thayer A. H., *Concealing-Coloration in the Animal Kingdom; an Exposition of the Laws of Disguise through Color and Pattern: Being a Summary of Abbott H. Thayer's Discoveries*, New York, The Macmillan Compagny, 1909.

55 Lydekker R., « The Extinct Quagga », *Mostly Mammals, Zoological Essays*, 1903.

56 Lecointre G. et Fortin C., *Guide critique de l'évolution*, Paris, Belin, 2009.

57 Ridgeway W., *The Origin and Influence of the Thoroughbred Horse*, Cambridge, Cambridge University Press, 1905.

58 Derry M. E., *Bred for Perfection: Shorthorn Cattle, Collies, and Arabian Horses since 1800*, Baltimore, Johns Hopkins University Press, 2003 ; Sapp J., *Genesis, the Evolution of Biology*, Oxford, Oxford University Press, 2003.

59 Burkhardt R. W., « Closing the Door on Lord Morton's Mare: The Rise and Fall of Telegony », *Studies in History of Biology*, vol. 3, 1979, p. 1-21.

5 LA RÉAPPARITION DU QUAGGA

1 Didier R. et Boudarel A., *L'Art de la taxidermie au xxe siècle. Recueil de technique pratique de taxidermie pour naturalistes professionnels, amateurs et voyageurs*, Paris, Paul Lechevalier éditeur, 1921.

2 Barnaby D., *Quaggas and Other Zebras*, Plymouth, Basset publications, 1996 ; Renshaw G., *Natural History Essays*, Londres, Sherratt & Hughes, 1904 ; Rau R., « The Colouration of the Extinct Cape Colony Quagga », *American Wildlife*, vol. 37, n° 4, p. 136-142.

3 Rau R. E., « Additions to the Revised List of Preserved Material of the Extinct Cape Colony Quagga and Notes on the Relationship and Distribution of Southern Plains Zebras », *The Annals of the South African Museum*, vol. 77, n° 2, 1978, p. 27-44.

4 Barnaby D., *Quaggas and Other Zebras*, ouvr. cité.

5 « The Quagga and the Taxidermist's Art », *African Wildlife = Afrika-Natuurlewe*, vol. 37, n° 4, 1983, p. 140-142.

6 McNeil D., « Reinhold E. Rau, Taxidermist on a quest, dies », *The New York Times*, 23 mars 2006.

7 Lorimer J. et Driessen C., « From "Nazi Cows" to Cosmopolitan "Ecological Engineers": Specifying Rewilding Through a History of Heck Cattle », *Annals of the American Association of Geographers*, vol. 106, n° 3, 2016, p. 631-652.

8 Barnaby D., *Quaggas and Other Zebras*, ouvr. cité.

9 *Ibid.*

10 Péquignot A., « The History of Taxidermy: Clues for Preservation », *Collections: A Journal for Museum and Archives Professionals*, vol. 2, n° 3, 2006, p. 245-255.

11 Connolly R. C., « Kinship of Smenkhkare and Tutankhamen affirmed by Serological Micromethod: Microdetermination of Blood Group Substances in Ancient Human Tissue », *Nature*, vol. 224, n° 5217, 1969, p. 325-325.

12 « The Quagga and the Taxidermist's Art », art. cité.

13 « Iziko South African Museum, Cape Town, South Africa », The Quagga Project, 2016 : https://quaggaproject.org/skins/iziko-south-african-museum-cape-town-south-africa/

14 Rau R. E., « Additions to the Revised List of Preserved Material of the Extinct Cape Colony Quagga and Notes on the Relationship and Distribution of Southern Plains Zebras », art. cité.

15 Rau R., « Rough Road towards Re-Breeding the Quagga. How it Came About », 1999 : https://www.quaggaproject.org/downloads/2012/rough%20road%20to%20re%20breeding%20quagga-1.pdf

16 « The Quagga and the Taxidermist's Art », art. cité.

17 Rau R., « Rough Road towards Re-Breeding the Quagga. How it Came About », art. cité ; Barnaby D., *Quaggas and Other Zebras*, ouvr. cité ; « The Genes of the Quagga Revived », *African Wildlife = Afrika-Natuurlewe*, vol. 37, n° 4, 1983, p. 142.

18 Jones E. D., « The Search for Ancient DNA in the Media Limelight: A Case Study of Celebrity Science », thèse de doctorat, University College London, 2017.

19 Cann R. L., « Allan Charles Wilson. 18 October 1934 – 21 July 1991 », *Biographical Memoirs of Fellows of the Royal Society*, vol. 60, 2014, p. 455-473.

20 Orlando L., *L'anti-Jurassic Park : Faire parler l'ADN fossile*, Paris, Belin / Pour la science, 2005.

21 « The Genes of the Quagga Revived », art. cité.

22 *Ibid.*

23 Higuchi R., Bowman B., Freiberger M., Ryder O. A. et Wilson A. C., « DNA Sequences from the Quagga, an Extinct Member of the Horse Family », *Nature*, vol. 312, n° 5991, 1984, p. 282-284.

24 Traduction de l'autrice d'après : Higuchi R., Bowman B., Freiberger M., Ryder O. A. et Wilson A. C., « DNA Sequences from the Quagga, an Extinct Member of the Horse Family », *Nature*, vol. 312, n° 5991, 1984, p. 282-284.

25 BioBriefs, *BioScience*, vol. 34, n° 8, 1984, p. 535.

26 Miller J. A., « Gene Samples from an Extinct Animal Cloned », *Science News*, vol. 125, n° 23, 1984, p. 356.

27 CANN R. L., « Allan Charles Wilson. 18 October 1934 – 21 July 1991 », art. cité.

28 LOWENSTEIN J. M. et RYDER O. A., « Immunological systematics of the extinct quagga (Equidae) », *Experientia*, vol. 41, n° 9, 1985, p. 1192-1193.

29 JEFFREYS A. J., « Palaemolecular Biology: Raising the Dead and Buried », *Nature*, vol. 312, n° 5991, 1984, p. 198.

30 JONES E. D., « Ancient DNA: A History of the Science before Jurassic Park », *Studies in History and Philosophy of Science Part C: Studies in History and Philosophy of Biological and Biomedical Sciences*, vol. 68-69, 2018, p. 1-14.

31 JONES E. D., *The Search for Ancient DNA in the Media Limelight*, réf. citée.

32 GIANI A. M., GALLO G. R., GIANFRANCESCHI L. et FORMENTI G., « Long Walk to Genomics: History and Current Approaches to Genome Sequencing and Assembly », *Computational and Structural Biotechnology Journal*, vol. 18, 2020, p. 9-19.

33 BARRIEL V., « L'ADN ancien », *La Science au présent*, 1997.

34 POINAR G., « Ancient DNA: The Tools of Molecular Biology Can Be Used to Peer into an Organism's Genetic Future – or its Distant Past », *American Scientist*, vol. 87, n° 5, 1999, p. 446-457.

35 POINAR G. O. et HESS R., « Ultrastructure of 40-Million-Year-Old Insect Tissue », *Science*, vol. 215, n° 4537, 1982, p. 1241-1242.

36 JONES E. D., « Ancient DNA: A History of the Science before Jurassic Park », art. cité.

37 MILLER J. A., « Mummy DNA Intact after 2,400 Years », *Science News*, vol. 127, n° 17, 1985, p. 262.

38 PÄÄBO S., « Molecular Cloning of Ancient Egyptian Mummy DNA », *Nature*, vol. 314, n° 6012, 1985, p. 644-645.

39 LOWENSTEIN J. M., « Molecular Approaches to the Identification of Species: Immunological Analysis of Proteins from Living or Fossil Organisms Can Be Used to Identify Unrecognizable Species and to Obtain New Information on Taxonomic Relationships and Dates of Evolutionary Divergence », *American Scientist*, vol. 73, n° 6, 1985, p. 541-547.

40 SAPP J., *The New Foundations of Evolution: On the Tree of Life*, Oxford, Oxford University Press, 2009.

41 ROGAN P. K. et SALVO J. J., « Study of Nucleic Acids Isolated from Ancient Remains », *American Journal of Physical Anthropology*, vol. 33, n° S11, 1990, p. 195-214.

42 DIAMOND J. M., « Old Dead Rats are Valuable », *Nature*, vol. 347, n° 6291, 1990, p. 334-335.

43 Golenberg E. M. *et al.*, « Amplification and Analysis of Miocene Plant Fossil DNA [and Discussion] », *Philosophical Transactions: Biological Sciences*, vol. 333, n° 1268, 1991, p. 419-427.

44 Hagelberg E. *et al.*, « Analysis of Ancient Bone DNA : Techniques and Applications [and Dicussion] », *Philosophical Transactions : Biological Sciences*, vol. 333, n° 1268, 1991, p. 399-407.

45 Morell V., « 30-Million-Year-Old DNA Boosts an Emerging Field », *Science*, vol. 257, n° 5078, 1992, p. 1860-1862.

46 *Ibid.*

47 Lindahl T., « Recovery of Antediluvian DNA », *Nature*, vol. 365, n° 6448, 1993, p. 700.

48 *Ibid.*

49 Smith A. B. et Littlewood D. T. J., « Paleontological Data and Molecular Phylogenetic Analysis », *Paleobiology*, vol. 20, n° 3, 1994, p. 259-273 ; Audio S. et Beraud-Colomb E., « Ancient DNA is Thirteen Years Old », *Nature Biotechnology*, vol. 15, n° 9, 1997, p. 855-958.

50 Ter Minassian V., « Science 24 mai Dossier Ambre du Liban », *Le Monde*, 6 mai 2014.

51 Cooper A. et Poinar G., « Ancient DNA: Do It Right or Not at All », *Science*, vol. 289, n° 5482, 2000, p. 1139.

52 Kaestle F. A. et Horsburgh K. A., « Ancient DNA in Anthropology: Methods, Applications, and Ethics », *American Journal of Physical Anthropology*, vol. 119, n° S35, 2002, p. 92-130.

53 Orlando L., *L'anti-Jurassic Park : Faire parler l'ADN fossile*, ouvr. cité.

54 *Ibid.*

55 Allentoft Morten E. *et al.*, « The Half-Life of DNA in Bone: Measuring Decay Kinetics in 158 Dated Fossils », *Proceedings of the Royal Society B: Biological Sciences*, vol. 279, n° 1748, 2012, p. 4724-4733 ; Kaplan M., « DNA has a 521-year half-life », *Nature*, 2012.

56 Orlando L., *L'anti-Jurassic Park : Faire parler l'ADN fossile*, ouvr. cité.

57 Debruyne R. et Barriel V., « Évolution biologique et ADN ancien », *Médecine/Sciences*, vol. 22, n° 5, 2006, p. 502-506 ; Gilbert M. T. P., Bandelt H.-J., Hofreiter M. et Barnes I., « Assessing Ancient DNA Studies », *Trends in Ecology & Evolution*, vol. 20, n° 10, 2005, p. 541-544.

58 Poinar G., « Ancient DNA: The Tools of Molecular Biology Can Be Used to Peer into an Organism's Genetic Future – or its Distant Past », art. cité ; Allentoft M. E. et Rawlence N. J., « Moa's

Ark or Volant Ghosts of Gondwana? Insights from Nineteen Years of Ancient DNA Research on the Extinct Moa (Aves: Dinornithiformes) of New Zealand », *Annals of Anatomy – Anatomischer Anzeiger*, vol. 194, n° 1, 2012, p. 36-51.

59 Hagelberg E., Hofreiter M. et Keyser C., « Ancient DNA: The First Three Decades », *Philosophical Transactions of the Royal Society B: Biological Sciences*, vol. 370, n° 1660, 2014, 20130371.

60 Orlando L. *et al.*, « Recalibrating *Equus* Evolution using the Genome Sequence of an Early Middle Pleistocene Horse », *Nature*, vol. 499, n° 7456, 2013, p. 74-78.

61 Lecointre G., Le Guyader H. et Visset D., *Classification phylogénétique du vivant*, t. 1, Paris, Belin, 2016.

62 Pietsch T. W., *Trees of Life – A Visual History of Evolution*, Baltimore, Johns Hopkins University Press, 2013.

63 Lecointre G., Le Guyader H. et Visset D., *Classification phylogénétique du vivant*, ouvr. cité.

64 Polanyi M., « The Republic of Science: Its Political and Economic Theory », *Minerva*, vol. 1, n° 1, 1962, p. 54-73.

65 Sondaar P. et Eisenmann V., « L'évolution de la famille du cheval », 2008 : https://vera-eisenmann.com/IMG/pdf/63.Sondaar_OK.pdf; Lecointre G., Le Guyader H. et Visset D., *Classification phylogénétique du vivant*, ouvr. cité.

66 Bennett D., « The Evolution of the Horse », *The Elsevier World Animal Science Encyclopedia, C7-Horse Breeding & Management*, 1992, p. 1-37.

67 Sondaar P. et Eisenmann V., « L'évolution de la famille du cheval », art. cité.

68 Bennett D., « The Evolution of the Horse », art. cité.

69 Watson D. M. S., « Horses », *Nature*, vol. 170, n° 4334, 1952, p. 856-857.

70 Simpson G. G., *Horses. The Story of the Horse Family in the Modern World and through Sixty Million Years of History*, New York, Oxford University Press Inc, 1951.

71 Ridgeway W., *The Origin and Influence of the Thoroughbred Horse*, Cambridge, Cambridge University Press, 1905.

72 Jonathan B. L. B., « A Unity Underlying the Different Zebra Striping Patterns », *Journal of Zoology*, vol. 183, n° 4, 1977, p. 527-539.

73 Darwin C., *L'Origine des espèces*, ouvr. cité.

74 Gould S. J., « What color is a zebra? Is it a white animal with black stripes? Or vice-versa? », *Natural history – The Journal of the Natural History Museum*, vol. 90, n° 8, 1981, p. 16-18.

75 Rau R. E., « Additions to the Revised List of Preserved Material of the Extinct Cape Colony Quagga and Notes on the Relationship and Distribution of Southern Plains Zebras », art. cité.

76 Pocock R. I., « XLV. The Cape Colony Quaggas », *Annals and Magazine of Natural History*, vol. 14, n° 83, 1904, p. 313-328.

77 Rau R., « The Colouration of the Extinct Cape Colony Quagga », art. cité.

78 Rau R. E., « Additions to the Revised List of Preserved Material of the Extinct Cape Colony Quagga and Notes on the Relationship and Distribution of Southern Plains Zebras », art. cité.

79 *Ibid.*

80 Hughes A. L., « The Quagga Case: Molecular Evolution of an Extinct Species », *Trends in Ecology & Evolution*, vol. 3, n° 5, 1988, p. 95-96.

81 Bennett D. K., « Stripes Do Not a Zebra Make, Part I: A Cladistic Analysis of *Equus* », *Systematic Zoology*, vol. 29, n° 3, 1980, p. 272-287.

82 Higuchi R. G. *et al.*, « Mitochondrial DNA of the Extinct Quagga: Relatedness and Extent of Postmortem Change », *Journal of Molecular Evolution*, vol. 25, n° 4, 1987, p. 283-287.

83 Hughes A. L., « The Quagga Case: Molecular Evolution of an Extinct Species », art. cité; Lowenstein J. M., « Molecular Approaches to the Identification of Species: Immunological analysis of proteins from living or fossil organisms can be used to identify unrecognizable species and to obtain new information on taxonomic relationships and dates of evolutionary divergence », art. cité.

84 Allen J. A., *The Influence of Physical Conditions in the Genesis of Species*, New Bedford, 1877.

85 Lowenstein J. M., « Molecular Approaches to the Identification of Species: Immunological Analysis of Proteins from Living or Fossil Organisms Can Be Used to Identify Unrecognizable Species and to Obtain New Information on Taxonomic Relationships and Dates of Evolutionary Divergence », art. cité.

86 Lowenstein J. M. et Ryder O. A., « Immunological Systematics of the Extinct Quagga (Equidae) », *Experientia*, vol. 41, n° 9, 1985, p. 1192-1193.

87 Eisenmann V., « Le couagga : un zèbre aux origines douteuses », *La Recherche*, vol. 16, n° 163, 1985, p. 254-256.

88 Higuchi R. G. *et al.*, « Mitochondrial DNA of the Extinct Quagga: Relatedness and Extent of Postmortem Change », art. cité.

89 Klein R. et Cruz-Uribe K., « Craniometry of the Genus *Equus* and the Taxonomic Affinities of the Extinct South African Quagga », *South African Journal of Science*, vol. 95, 1999, p. 81-86.

90 Groves C. P. et Bell C. H., « New Investigations on the Taxonomy of the Zebras Genus *Equus*, Subgenus *Hippotigris* », *Mammalian Biology*, vol. 69, 2004, p. 182-196.

91 « Quagga taggers – Research highlights », *Nature*, vol. 436, 2005, p. 154-155 ; Leonard J. A. *et al.*, « A Rapid Loss of Stripes: The Evolutionary History of the Extinct Quagga », *Biology Letters*, vol. 1, n° 3, 2005, p. 291-295.

92 Ransom J. I. et Kaczensky P., *Wild Equids: Ecology, Management, and Conservation*, Baltimore, Johns Hopkins University Press, 2016.

93 Hack M. A., East R. et Rubenstein D. I., « *Equus quagga* ssp. *quagga* », The IUCN Red List of Threatened Species 2008, e.T7957A12876306.

94 Rau R., « Rough Road towards Re-Breeding the Quagga. How it Came About », art. cité.

95 Heck L., *Animal Safari*, Londres, Methuen & Co, 1956.

96 *Ibid.*

97 Max D., « Can You Revive an Extinct Animal? », *The New York Times*, 1er janvier 2006.

98 Rau R., « Rough road towards re-breeding the quagga. How it came about », art. cité.

99 *Ibid.*

100 Harley E. H., Knight M. H., Lardner C., Wooding B. et Gregor M., « The Quagga Project: Progress Over 20 Years of Selective Breeding », *South African Journal of Wildlife Research*, vol. 39, n° 2, 2009, p. 155-163.

101 McNeil D., « Brave Quest of Africa Hunt – Bringing Back Extinct Quagga », *The New York Times*, 16 septembre 1997.

102 Max D., « Can You Revive an Extinct Animal? », art. cité.

103 Harley E. H., Knight M. H., Lardner C., Wooding B. et Gregor M., « The Quagga Project: Progress Over 20 Years of Selective Breeding », art. cité.

104 *Ibid.*

105 Heywood P., « The Micro-Politics of Macromolecules in the Taxonomy and Restoration of Quaggas », *Kronos*, vol. 41, n° 1, 2015, p. 314-337.

106 Harley E. H., Knight M. H., Lardner C., Wooding B. et Gregor M., « The Quagga Project: Progress Over 20 Years of Selective Breeding », art. cité.

107 Barnaby D., *Quaggas and Other Zebras*, ouvr. cité.

108 Harley H., «*Back to Life*», Quagga Project: https://www.quaggaproject.org/Publications/VW%20Quagga%20article%20June%202008.pdf; «Cousin du zèbre et disparu depuis le XIXe siècle, le quagga est de retour en Afrique du Sud», Slate Afrique, 2016.

109 Rau R. E., «The Extermination of the Quagga», *African Wildlife = Afrika-Natuurlewe*, vol. 52, nº 2, 1998, p. 8.

110 *Ibid.*

111 Reichenbach H., «PECHLANER, H., SCHRATTER, D. and HEINDL, G. (editors). Otto Antonius – Wegbereiter der Tiergartenbiologie...», *Archives of Natural History*, vol. 38, nº 1, 2011, p. 188.

112 Daszkiewicz P. et Aikhenbaum J., *Aurochs, le retour d'une supercherie nazie*, Histoire, sciences, totalitarisme, éthique et société, 1999.

113 Wajrak A., «La "vache d'Hitler" est de retour», *Courrier international*, 24 novembre 2004.

114 «Histoire du cheval de Przewalski», https://www.takh.org/histoire-du-cheval-de-przewalski/

115 Der Sarkissian C. *et al.*, «Evolutionary Genomics and Conservation of the Endangered Przewalski's Horse», *Current Biology*, vol. 25, nº 19, 2015, p. 2577-2583.

116 «Y'a de la vie dans les Carpates», WWF France, 4 septembre 2020: https://www.wwf.fr/vous-informer/effet-panda/ya-de-la-vie-dans-les-carpates

117 Allentoft M. E. et Rawlence N. J., «Moa's Ark or Volant Ghosts of Gondwana? Insights from Nineteen Years of Ancient DNA Research on the Extinct Moa (Aves: Dinornithiformes) of New Zealand», art. cité.

118 Devictor V., «Peut-on ressusciter des espèces?», *Pour la Science*, vol. 441, 2014, p. 21.

119 Avery M., *A Message from Martha: The Extinction of the Passenger Pigeon and its Relevance Today*, Londres, Bloomsbury, 2014.

120 «Passenger Pigeon Project Update», https://reviverestore.org/projects/the-great-passenger-pigeon-comeback/progress-to-date/

121 «The Great Passenger Pigeon Comeback», https://reviverestore.org/about-the-passenger-pigeon/

122 Sample I., «Firm Raises $15m to Bring Back Woolly Mammoth from Extinction», *The Guardian*, 2021.

123 Jones E. D., *The Search for Ancient DNA in the Media Limelight*, réf. citée.

124 Hofreiter M., « Special Issue Ancient DNA », *Annals of Anatomy-Anatomischer Anzeiger*, vol. 194, n° 1, 2012, p. 1-2.

125 Leonard J. A., « Ancient DNA Applications for Wildlife Conservation », *Molecular Ecology*, vol. 17, n° 19, 2008, p. 4186-4196.

126 Huynen L., Millar C. D. et Lambert D. M., « Resurrecting Ancient Animal Genomes: The Extinct Moa and More », *BioEssays*, vol. 34, n° 8, 2012, p. 661-669.

127 Barthélemy P., « Le couagga de Louis XVI, un drôle de zèbre », *Le Monde*, 23 août 2021.

128 Max D., « Can You Revive an Extinct Animal? », art. cité.

129 Jones E. D., « Ancient Genetics to Ancient Genomics: Celebrity and Credibility in Data-Driven Practice », *Biology & Philosophy*, vol. 34, n° 2, 2019, p. 27.

130 Browne M. W., « In New Spielberg Film, a Dim View of Science », *The New York Times*, 1993.

131 McKie R., « Prehistoric DNA Sequencing: Jurassic Park Was Not so Wide of the Mark », *The Guardian*, 7 juillet 2013.

132 Orlando L., *L'anti-Jurassic Park : Faire parler l'ADN fossile*, ouvr. cité.

133 Devictor V., « Peut-on ressusciter des espèces ? », art. cité.

134 Barthélemy P., « Le couagga de Louis XVI, un drôle de zèbre », art. cité.

6 LE QUAGGA INTÈGRE L'HISTOIRE DES SCIENCES

1 Carr E. H., *What is History?*, Londres, Penguin Books, 1961.

2 *Ibid.*

3 Bowler P., *Peter J. Bowler. The Mendelian Revolution: The Emergence of Hereditarian Concepts in Modern Science and Society*, Baltimore, Johns Hopkins University Press, 1989.

4 Howlett P. et Morgan M., *How Well Do Facts Travel? The Dissemination of Reliable Knowledge*, Cambridge, Cambridge University Press, 2011.

5 Chalmers A., *What Is This Thing Called Science?*, Indianapolis, Hackett Publishing Company, 1999.

6 Sapp J., *Where the Truth Lies: Franz Moewus and the Origins of Molecular Biology*, Cambridge, Cambridge University Press, 1990.

7 Gaddis J. L., *The Landscape of History: How Historians Map the Past*, Oxford, Oxford University Press, 2004.

8 Mayr E., *The Growth of Biological Thought: Diversity, Evolution, and Inheritance*, Cambridge, Harvard University Press, 1982 ; Burkhardt R. W., « Closing the Door on Lord Morton's Mare: The Rise and Fall of Telegony », *Studies in History of Biology*, vol. 3, 1979, p. 1-21.

9 Moore J. A., « Science as a Way of Knowing: Genetics », *American Zoologist*, vol. 26, n° 3, 1986, p. 583-747.

10 Zirkle C., « Some Oddities in the Delayed Discovery of Mendelism », *Journal of Heredity*, vol. 55, n° 2, 1964, p. 65-72.

11 Gould S. J., « Quaggas, Coiled Oysters, and Flimsy Facts », *Natural History – The Journal of the Natural History Museum*, vol. 90, n° 9, 1981, p. 16-26.

12 Waller J. C., « Parents and Children: Ideas of Heredity in the 19th Century », *Endeavour*, vol. 27, n° 2, 2003, p. 51-56 ; MacClintock D., « Professor Marsh's Quagga Mare », *Discovery: Magazine of the Peabody Museum of Natural History*, vol. 15, n° 2, 1980, p. 34-43.

13 Endersby J., *A Guinea Pig's History of Biology: The Plants and Animals who Taught Us the Facts of Life*, Londres, Heinemann, 2007.

14 Kohler R. E. E., *Lords of the Fly: Drosophila Genetics and the Experimental Life*, Chicago, University of Chicago Press, 1994.

15 Olby R., *The Origins of Mendelism*, Londres, Constable & Robinson, 1966.

16 Bowler P., *Peter J. Bowler*, ouvr. cité.

17 Rheinberger H.-J. et Müller-Wille S., *Heredity Produced: At the Crossroads of Biology, Politics, and Culture, 1500-1870*, Cambridge, MIT Press, 2007.

18 Waller J. C., « Ideas of Heredity, Reproduction and Eugenics in Britain, 1800-1875 », *Studies in History and Philosophy of Biological and Biomedical Sciences*, vol. 32, n° 3, 2001, p. 457-489 ; López-Beltrán C., « In the Cradle of Heredity; French Physicians and *L'Hérédité naturelle* in the Early 19th Century », *Journal of the History of Biology*, vol. 37, n° 1, 2004, p. 39-72 ; Wood R. et Orel V., *Genetic Prehistory in Selective Breeding: A prelude to Mendel*, Oxford, Oxford University Press, 2001.

19 Traduction de l'autrice d'après Burkhardt R. W., « Closing the Door on Lord Morton's Mare: The Rise and Fall of Telegony », *Studies in History of Biology*, vol. 3, 1979, p. 1-21.

20 Sapp J., *Genesis, the Evolution of Biology*, Oxford, Oxford University Press, 2003.

21 *Ibid.*

22 Austin C. R., « Entry of Spermatozoa into the Fallopian-Tube Mucosa », *Nature*, vol. 183, n° 4665, 1959, p. 908-909.

23 Daniel J. C., « Telegony Retested », *Journal of Heredity*, vol. 50, n° 6, 1959, p. 274-298.

24 *Ibid.*

25 Liu Y., « Fetal Genes in Mother's Blood: A Novel Mechanism for Telegony? », *Gene*, vol. 524, n° 2, 2013, p. 414-416.

26 Comitre-Mariano B. et Martinez-Garcia M., « Feto-Maternal Microchimerism: Memories from Pregnancy », *IScience*, vol. 25, n° 103664, 2022, p. 1-23 ; Nelson L., « Des cellules en partage : le microchimérisme », *Pour la Science*, vol. 388, 2010, p. 56-63.

27 Comitre-Mariano B. et Martinez-Garcia M., « Feto-Maternal Microchimerism: Memories from Pregnancy », art. cité.

28 Boyon C., Collinet P., Boulanger L. et Vinatier D., « Microchimérisme fœtal : un bien ou un mal pour le fœtus et sa mère ? », *Gynécologie Obstétrique & Fertilité*, vol. 39, n° 4, 2011, p. 224-231 ; Nelson L., « Des cellules en partage : le microchimérisme », art. cité.

29 Drews B. *et al.*, « Free Blastocyst and Implantation Stages in the European Brown Hare: Correlation between Ultrasound and Histological Data », *Reproduction, Fertility, and Development*, vol. 25, 2012.

30 Meyer C., « Télégonie », *Dictionnaire des Sciences Animales*, Cirad, 2022.

31 Sudakov D., *Woman's First Partner May Become Genetic Father of all her Kids, Telegony Says*, PravdaReport, 27 juin 2007.

32 Ritvo H., *The Animal Estate: The English and Other Creatures in the Victorian Age*, Cambridge, Harvard University Press, 1987.

33 Barnaby D., *Quaggas and Other Zebras*, Plymouth, Basset publications, 1996.

34 Mole, « How We Know I: Strange Dreams », *Journal of Cell Science*, vol. 119, n° 1, 2006, p. 1-3.

35 Endersby J., *A Guinea Pig's History of Biology: The Plants and Animals who Taught Us the Facts of Life*, Londres, Heinemann, 2007.

36 Harrowitz N. A., *Antisemitism, Misogyny, and the Logic of Cultural Difference: Cesare Lombroso and Matilde Serao*, Lincoln, University of Nebraska Press, 1994.

37 Carlson M., « Ibsen, Strindberg, and Telegony », *PMLA*, vol. 100, nº 5, 1985, p. 774-782 ; Taggart A., « "A Provisional Hypothesis": Paternity or Pangenesis? », *The Modern Language Review*, vol. 91, nº 1, 1996, p. 1.

38 « Darwin Correspondence Project », https://www.darwinproject.ac.uk/letter/DCP-LETT-7156.xml

39 Waller J. C., « Parents and Children: Ideas of Heredity in the 19th Century », *Endeavour*, vol. 27, nº 2, 2003, p. 51-56.

40 Bynum B., « Discarded Diagnoses », *The Lancet*, vol. 359, 2002, p. 1256.

41 Senex, *The Lancet*, 679, 1854.

42 « T. H. Huxley », Oxford Reference : https://www.oxfordreference.com/view/10.1093/acref/9780191826719.001.0001/q-oro-ed4-00005726

43 Darwin C., *The Descent of Man, and Selection in Relation to Sex*, Londres, John Murray, 1871.

44 Gould S. J., « Quaggas, Coiled Oysters, and Flimsy Facts », art. cité.

45 Morange M., *À quoi sert l'histoire des sciences ?*, Versailles, Quae éditions, 2008.

46 Mole, « How We Know I: Strange Dreams », art. cité.

47 Daston L. et Galison P., *Objectivity*, Cambridge, MIT Press, 2010 ; Latour B., « A Textbook Case Revisited – Knowledge as a Mode of Existence », dans Hackett E., Amsterdamska O., Lynch M. et Wacjman J., *The Handbook of Science and Technology Studies*, Cambridge, MIT Press, 2007, p. 83-112.

48 Jones E. D., « Ancient DNA: A History of the Science Before Jurassic Park », *Studies in History and Philosophy of Science Part C: Studies in History and Philosophy of Biological and Biomedical Sciences*, vol. 68-69, 2018, p. 1-14.

49 Jones E. D., « Ancient Genetics to Ancient Genomics: Celebrity and Credibility in Data-Driven Practice », *Biology & Philosophy*, vol. 34, nº 2, 2019, p. 27.

50 « Des scientifiques font revivre le quagga, une espèce de zèbre disparue au XIXe siècle », *Le Monde*, 12 février 2016 ; « The Quest for Quaggas », BBC, 28 janvier 2003.

51 Radin J., « The Speculative Present: How Michael Crichton Colonized the Future of Science and Technology », *Osiris*, vol. 34, nº 1, 2019, p. 297-315.

52 Willoughby D., « The Vanished Quagga », *Natural History – The Journal of the Natural History Museum*, *LXXV*, 1966, p. 60-63.

53 Renshaw G., *Natural History Essays*, Londres, Sherratt & Hughes, 1904.

54 Greig J. C., « The Lesson of the Quagga », *African Wildlife = Afrika-Natuurlewe*, vol. 37, n° 4, 1983, p. 134-135.

55 Cardinale B. J. *et al.*, « Biodiversity Loss and its Impact on Humanity », *Nature*, vol. 486, n° 7401, 2012, p. 59-67.

56 Nourigat V., « Le dilemme de Noé : mais quelles espèces menacées faut-il sauver ? », *Sciences & Vie*, octobre 2012, p. 87-93 ; « The IUCN Red List of Threatened Species », https://www.iucnredlist.org/en

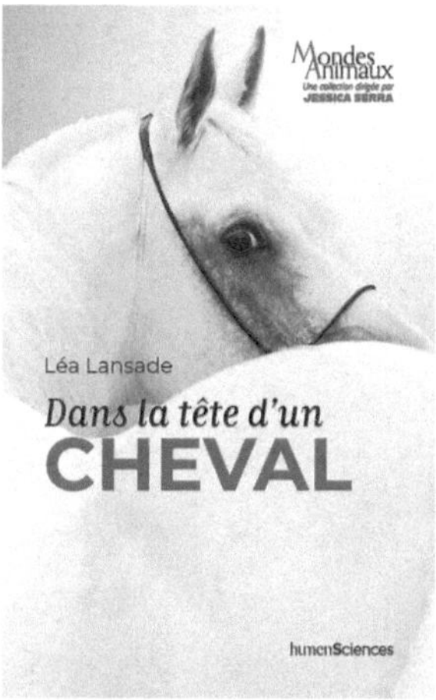

Léa Lansade
Dans la tête d'un cheval

Animal emblématique et fascinant, le cheval entretient avec l'humain une relation ancestrale. Pour mieux le comprendre, Léa Lansade nous plonge dans les pensées équines. À travers les expériences qu'elle a menées, elle démontre comment il transmet ses émotions à travers ses expressions faciales, décrit sa grande sensibilité, nous apprend à tester sa personnalité et dévoile ses capacités cognitives surprenantes.

À l'heure où le bien-être animal est au cœur des préoccupations, connaître ses besoins fondamentaux ou identifier ses signaux de peur et de joie devient indispensable. C'est ce qu'offre l'autrice dans ce livre aussi original que passionnant !

Chercheuse en éthologie, spécialiste des émotions et de la cognition animale, **Léa Lansade** codirige l'équipe Cognition, éthologie et bien-être animal de l'unité de recherche CNRS, IFCE, INRAE, Université de Tours, en Centre-Val de Loire. Passionnée, elle a consacré une très grande partie de sa carrière à l'étude des chevaux afin de mieux comprendre la façon dont ils ressentent et comprennent le monde qui les entoure.

Maquette et composition : Soft Office (38)

Imprimé en France
par DUPLIPRINT
733, rue Saint-Léonard, 53100 Mayenne
avril 2024 - N° 2989644P

DUPLIPRINT est titulaire du label imprim'vert®